日本兒童睡眠專家寫給
家有0～5歲嬰幼兒家長的安眠寶典

漫畫版 寶寶睡好，媽媽好睡

作者／清水悅子　漫畫／高橋美起　翻譯／李彥樺

半夜兩點
嗚……嗚……
哇啊～
驚
不會吧？又醒了？
哇啊啊啊啊啊啊
別哭了～快睡吧～
啊啊啊啊啊啊啊
心電感應果然沒有用……
好啦！你要喝奶是吧？
快給我ㄋㄟㄋㄟ啦！
哇啊～哇啊～
拉扯衣服
我叫小雪，今年三十三歲，是個家庭主婦兼新手媽媽。
唉！距離上次餵奶只過了兩小時……
嗚嗚 好想睡……
吸～吸～
七個月大的兒子小連每天都夜啼……

害我每天都睡眠不足！
睡眠惺忪
呼啊～
你看起來好像很睏？
怒
昨晚小連又哭了整晚，我完全沒辦法睡覺啦！
砰！
咦？
真的嗎？
小連明明哭了那麼多次，你卻只會呼呼大睡！
哇啊啊啊
啊～
呼嚕……
抱歉、抱歉，我完全沒聽到……
下次我會起來幫忙的。
你每次都這麼說，卻從沒起來過！
再度怒上心頭
睡眠不足讓我脾氣暴躁……

這種狀況持續了好一陣子的某天晚上……
哇啊啊啊啊～
哇啊啊啊啊～
驚
哇啊啊啊啊～
老公，起來幫忙啦！
我快不行了……
哇啊
啊啊啊啊～
……唔……
搖晃
搖晃
孩子哭得這麼大聲，
……呼嚕……
啊啊啊啊～
哇啊
……
……
嗚啊啊啊啊
老公卻還是不肯起床……
為什麼總是睡一下就醒了？
嗚嗚嗚嗚嗚～
哇啊啊啊啊～
呢喃
為什麼不好好睡覺？
哇啊啊啊～
啊啊啊～
為什麼？為什麼？
呢喃
哇啊～
哇啊～

你知道嗎？
抓住
媽媽已經受不了了！
我到底該怎麼辦才好！
哇啊啊啊啊啊～
驚
對不起！小連！媽媽嚇到你了！
對不起！
啊啊啊～
啊啊啊～
抱住
小連是個很可愛的孩子，真的真的很可愛。
但是我卻……
曾有那麼一瞬間，「憎恨」起了我的孩子……
撲通
撲通
撲通

我每天都在煩惱，這樣的日子不知還要持續多久……
這樣下去是不行的。
原來無法好好睡覺對心靈的傷害這麼大……
這天我為了轉換心情，帶著小連到育兒支援中心*1去玩。
這是我們最近的講座資訊，請您參考看看。
就在這時……
!!
我看見了改善嬰幼兒夜啼的講座傳單。
嬰幼兒夜啼改善講座
●月●日
因嬰幼兒的夜啼問題而煩惱的你
就是這個！
抱著死馬當活馬醫的心態。
我要參加！
舉手
好、好的。
我決定參加這個講座！

*1：日本特有社服機構，提供在地父母育兒諮詢，類似臺灣近年成立的家庭教育中心、托育資源中心，以及親子館等。

講座當天
來參加的都是有夜啼煩惱的母親吧？
戰友們！
吵鬧
吵鬧
喀啦
大家午安！
我是這場講座的老師——清水悅子。我是專門解決夜啼問題的教保員*2，同時也是非營利組織「嬰幼兒睡眠研究所」的成員。
請叫我——
悅子媽媽！
現在先請各位媽媽一一自我介紹，順便說明自己遇到的孩子夜啼狀況。
就先從旁邊這位媽媽開始吧！
啊！
大家好，我叫小雪，這是我兒子小連，七個月大。
他半夜總是會哭著醒來四、五次……
雖然餵奶之後就會睡著，但我不知道他什麼時候又會醒來，所以自己也睡不安穩……

*2：在臺灣，幼兒教育或幼兒保育相關科系畢業就有「教保員」資格，「幼教師」則須就讀幼兒教育學系或具有幼教學程之學校，於畢業後考取國家證照。

哇！
這位媽媽辛苦了。
我女兒以前也會夜啼，所以我很清楚那種睡不飽的焦躁感。
笑
無怨無悔的母愛真讓人感動。
無怨無悔的母愛真讓人感動
在腦海中迴盪
……
熱淚盈眶……
我該怎麼辦才好？請你教教我！
抱住
我也想知道！
拜託你了！
於是，悅子媽媽的……

幫助孩子，也幫助媽媽的安眠講座，

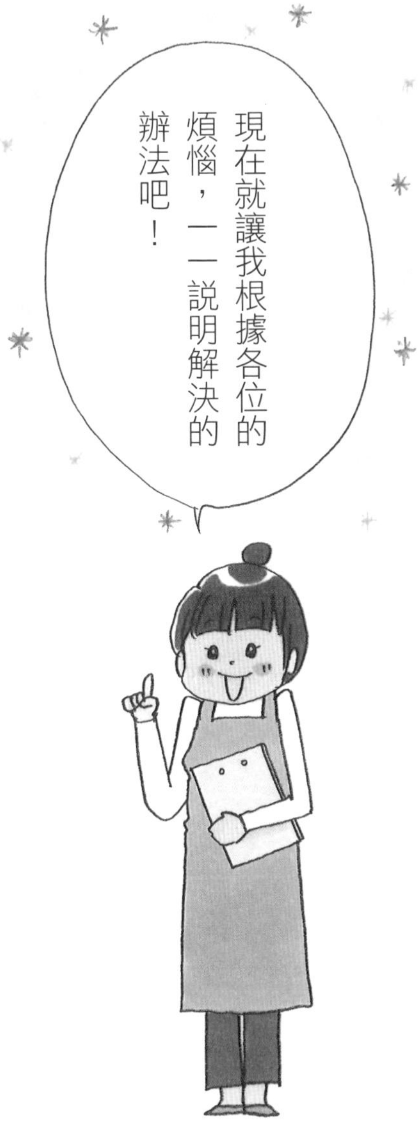
現在就讓我根據各位的煩惱，一一說明解決的辦法吧！

就這麼開始了。

登場人物介紹

小旬
（11 個月）
餵食配方奶

直子（40 歲）

四十歲才生下第一個孩子的上班族女性。個性容易緊張，對照顧孩子沒有自信。期盼早日回到職場。

大助（42 歲）

上班族。個性溫柔但工作太忙，幾乎沒辦法幫忙照顧孩子。

小連
（7 個月）
餵食母乳

小雪（33 歲）

因懷孕而辭去工作，成為全職的家庭主婦。個性開朗有朝氣，喜怒哀樂明顯。打算等孩子長大後再回到職場。

阿智（30 歲）

上班族。個性爽朗耿直。在照顧孩子方面自認為相當積極，但似乎不太可靠。

里沙（30歲）

原本在設計師事務所上班，後來獨立創業，開設網頁設計工作室。對流行相當敏感，會在部落格上分享自己的時尚品味。

琴葉
（1歲半）
餵食母乳

和弘（27歲）

網頁設計師。原本是里沙的部下，現在和里沙一起經營個人工作室。性情溫厚，非常疼愛孩子。

小楓
（3個月）
混合母乳與配方奶
康太
（3歲）

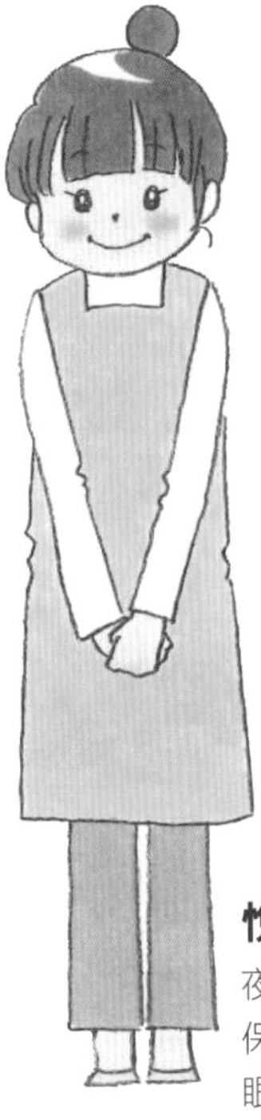

悅子媽媽

夜啼問題專業教保員，是媽媽們眼中的救世主。

千秋（28歲）

家庭主婦。個性賢淑內斂，喜歡孩子。除了照顧孩子還得照顧先生，生活非常忙碌。

阿建（28歲）

上班族。有點大男人主義，外表雖然粗獷，其實個性笨拙又害羞。很喜歡孩子，但不知該如何幫忙。

前言

孩子最想看的是媽媽的笑容

當孩子對你露出笑容時，你是否也能以笑容回應？

在我為了女兒的夜啼問題而煩惱不已的時候，老實說我完全感受不到她的可愛。但我不敢把這個想法告訴任何人，甚至連先生也不敢說，因為我害怕背上「失職媽媽」的罪名。

大家好，我叫清水悅子，是嬰幼兒夜啼問題專業教保員。

在多年前，我開始以「嬰幼兒夜啼問題專業教保員」的身分，投入協助解決夜啼問題的活動。隔年，我出版了一本關於孩子睡眠的書，即使已過了這麼久，如今依然有許多父母在閱讀本書，其中不乏育兒專家和演藝人員。這本書的迴響遠遠超過我的預期，謝謝各位的回應和感想！

我自己的女兒從出生六個月之後，大約有半年的時間，出現了令我頭疼不已的夜啼問題。照顧孩子的辛苦遠遠超乎我的想像，甚至可以說是每天活在黑暗之中，我滿腦子只煩惱著「這輩子會不會再也沒有機會好好睡覺了」……

但女兒原本持續長達半年的夜啼現象，在我試著調整她的生活作息後，短短五天之內就完全消失了。託大家的福，如今我女兒已上小學五年級，成了一個朝氣十足、說話有點沒大沒小的可愛女孩。

開心之餘，我也深刻體認到生活作息對嬰幼兒的影響有多麼巨大。於是我進入研究所，持續研究關於嬰幼兒的睡眠問題。如今我除了投入研究之外，也在大學擔任助教。

長期的研究讓我明確得知一個事實，那就是「規律的生活作息是媽媽能給孩子的最大禮物」。

本書將介紹有效改善嬰幼兒夜啼問題的「簡易三步驟」，請你務必努力堅持兩個星期。只要成功調整生活作息，不僅孩子的心情會變好，而且就算啼哭，也能夠依照啼哭的時間簡單判斷出啼哭的理由。

如此一來，相信照顧孩子會變成一件輕鬆又快樂的事。希望本書能減少因孩子睡眠問題而煩惱的家庭，增加父母和孩子共同生活時的笑容。

——清水悅子

女兒到了一歲還是有夜啼的問題，原本我只是抱著試試看的心情閱讀本書，沒想到效果遠超出我的預期。女兒本來每天晚上都會醒來三次，在使用本書的做法後，終於能一覺到天亮。不僅改善了我自己的生活習慣，女兒的睡眠品質也變好了，有如重獲新生一般！我一定要把這本書推薦給全天下所有因夜啼問題而煩惱的媽媽。

——27歲女性・家庭主婦

孩子每天晚上都會醒來好幾次，照顧起來真的很辛苦……自從我照著本書的建議去做，當天晚上醒來的次數就變少了，白天的午睡也能睡得比較熟。孩子和媽媽的笑容都增加了，真的非常感謝本書。作者最後的話也相當感人，請讓我致上最大的謝意！

——39歲女性・家庭主婦

十個月大的兒子每天都會夜啼。我在網路上發現了這本書，照著三步驟加以實踐之後，短短三天之內，兒子晚上醒來的次數就減少為一次，真的讓我很開心。這本書也讓我學到了享受自我人生的重要性。

——26歲女性・醫療從業人員

為了解決孩子的夜啼問題，我想要多吸收一些知識，因而發現了這本書。許多在照顧、教育孩子上都頗有心得的演藝人員和名人也推薦本書，這也是我決定閱讀本書的理由之一。我照著書上所寫的做法執行，孩子的夜啼問題果然逐漸改善，真的非常感謝。

——35歲男性・自營業

先生完全無法哄睡孩子，加上孩子體重逐漸變重，抱著哄睡越來越辛苦。由於這樣的不安和困擾而買了本書，照著做之後，雖然孩子躺在旁邊還是不肯乖乖睡，但生活作息逐漸有了改善，真的很開心。每章內容簡潔，讀起來沒有壓力，而且重點也很清楚易懂。

——31歲女性・家庭主婦

感謝讀者迴響如雪片般飛來

這些都是個人感想，
實際上還是要依自己的步調循序漸進喔！

女兒在出生四個月後，突然出現不尋常的夜啼現象，每晚都會哭到呼吸困難、臉色發紫，嚴重到我好幾次想帶她到醫院做檢查，搞得我也身心疲憊。朋友推薦了這本書給我，原本我只是抱著姑且一試的心態，沒想到短短兩天之後，孩子的哭泣時間就變短了，兩星期後夜啼的現象更是完全消失。對我來說這本書就像神一樣的存在，真的太感謝了！

—— 34歲女性・家庭主婦

這本書救了一個家庭！真的非常感謝！

—— 39歲男性・上班族

我讀過一些相同主題的外國書籍，比較起來，本書的內容更簡單易懂，而且容易做到。我相信本書能夠在產後最辛苦的時期，幫助媽媽輕鬆、愉快的照顧孩子。

—— 40歲女性・家庭主婦

第一次照顧孩子，正因為晚上哄不睡的問題而煩惱時，在朋友的推薦下購買了本書。本書站在媽媽的立場，提供淺顯易懂的指導，讓所有媽媽都能夠輕鬆加以實踐。

—— 34歲女性・上班族

目次

第4章 里沙媽媽的煩惱 夜奶

封面設計◎井上新八
內文設計與DTP◎二宮匡

第 1 章

小雪媽媽的煩惱

生活作息

小雪媽媽的煩惱，是小連每天晚上都會醒來好幾次。
小連現在是七個月大……
是啊！
有時甚至睡一小時就醒了，每次都得重新餵奶和哄睡。
能請你說明你們晚上的生活模式嗎？
好的。
呃……
在我家，是我老公負責幫小連洗澡。
我回來了！
小連，抱歉爸爸回來晚了！
來，爸爸帶你去洗澡！
被上司拉去喝酒……
啊～
哇～
已經八點了呢！
以後要是太晚回來，不如我幫小連洗澡吧？

不要～
我在公司完全見不到小連，起碼要在浴室裡多和他相處一下嘛！
對啊，小連～
哈哈哈哈！
唔，這麼說也對。
因為這個緣故，小連每天都很晚洗澡。
媽媽！小連要出去了！
來，喝ㄋㄟㄋㄟ了！
老公，你自己熱菜來吃！
沒問題！
等到老公吃完晚餐，
我把碗洗完後……
嘩啦～
我們先睡了。電視和電燈要記得關喲！
大約十點左右，我就帶著小連回到臥室。
好～
……嗚嗚嗚嗚……
驚醒

老公！你又來了！
嗚嗚嗚～
起身
小連……
磨蹭 磨蹭 磨蹭
我老公經常做這種事……
我不是告訴你，別把孩子吵醒嗎？
小連本來就不好睡了！
因為小連睡著的臉蛋太可愛了嘛……
對不起啦！
每次睡著都十一點了……
滴答 滴答
接下來就進入每一、兩小時就夜啼、餵奶的循環。
每天晚上醒來這麼多次，小連能睡飽嗎？
吸～ 吸～
早上我會讓小連睡到自然醒，所以通常是十點左右起床。
哇～ 哇～
小連，早安！
大概是……
這種情況吧！

唔……
看來小連的生理時鐘並沒有調整好呢！
生理時鐘？
從睡眠醫學的角度來看，夜啼的主要原因之一，
就是生理時鐘在作怪。

所謂的「生理時鐘」，指的就是位於大腦下視丘的視交叉上核會負責控制睡眠週期的變化。

地球時間
24小時
生理時鐘
比24小時
更長一點

生理時鐘的平均一日週期比二十四小時長一點，和地球的一日時間有著些許誤差。

如果完全依照生理時鐘過日子，與地球時間的差距會越來越大，逐漸變成日夜顛倒的生活。

為了不陷入這種狀況，生理時鐘具備了「歸零機能」。

只要照射「太陽光」，就能讓生理時鐘「歸零」。

相較之下，新生兒的生理時鐘則沒有日夜的區別。

那正是因為新生兒的生理時鐘還沒有「歸零」機能。

大約要到出生一個月之後，這個機能才會逐漸發揮作用。

大約出生三、四個月，嬰兒就能開始區分日夜。

等到出生六個月之後，嬰兒就能建立明確的睡眠週期了。

但是嬰兒生理時鐘的「歸零」機能還不成熟，必須靠爸爸和媽媽幫忙才能發揮作用。
幫忙的方法就是……
「白天保持明亮、熱鬧」
「晚上保持黑暗、安靜」
建立能夠很容易區分出白天和晚上的生活環境。
接下來我會介紹實現這個目標的三個步驟。
內容非常簡單，請先試著實踐三、四天看看。
好！

STEP 1

早上七點前叫醒孩子！
拉開
步驟1
請在早上七點前叫醒孩子！
就算孩子在晚上十點之後才睡覺，最晚也要在早上八點之前把孩子叫醒！
呃……
我早上爬不起來……
睡覺的時間就已經不夠了……
想要結束這種睡不飽的日子，努力早起是最大的關鍵！
建議請孩子的爸爸一起努力！
要調整生活作息，最大的關鍵就在於早上的起床時間！
如果孩子本來就會在早上七、八點左右起床，可以直接進入「步驟2」！

早上要叫醒孩子，可掌握以下三個重點！

重點1

拉開窗簾，讓太陽光進入房間。

如果房間日照不佳，或是天氣陰雨沒有陽光，可以先將電燈打開。

孩子對光有反應，自然就會醒來。

這時可以跟孩子說說話。

如果亮光沒有辦法把孩子叫醒……

可以試著以聲音把孩子喚醒。

如果還是行不通，就搖一搖孩子的身體。

重點2 千萬不能突然把孩子抱起來。

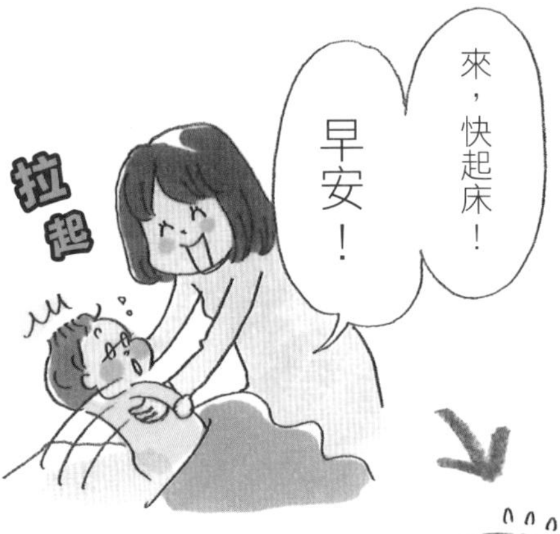

因為孩子還沒有做好起床的準備，

突然被抱起來，一定會大吵大鬧。

一定要等孩子睜開眼睛，

開始左顧右盼，確認周圍的情況後……

才抱起孩子，或為孩子換尿布、換衣服。

重點3

告訴孩子接下來要做什麼，養成早上的固定習慣。

我們來擦擦臉。
要脫掉睡衣，換衣服嘍！
哇～
啊～
我們去另一間房間吧！

這一連串的早上固定習慣，能夠幫助孩子區分出白天和夜晚的差別。
孩子出生一個月之後，每天早上一起床，就別讓孩子繼續待在臥室裡。

STEP 2

調整白天睡覺的時間，讓孩子在白天盡量活動！

等到孩子出生兩個月之後，就可以嘗試將孩子白天的睡眠像這樣區分成三個階段。

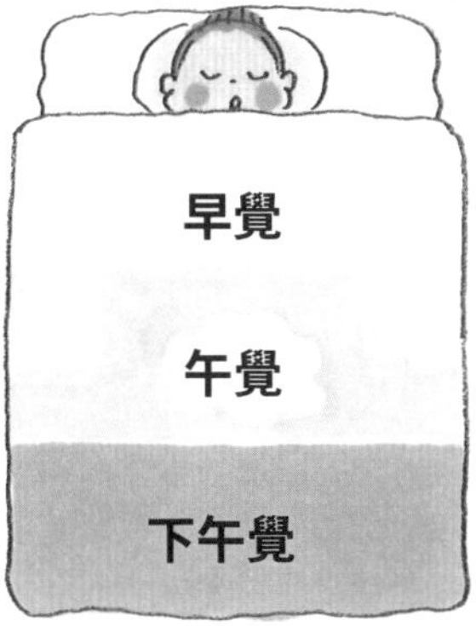

白天小憩的參考時間

	早覺（約9點）	午覺（約12點）	下午覺（下午5點之前）
2～4個月	1小時	2小時30分	30分～1小時
5～6個月	1小時	2小時30分	逐漸縮短
7～8個月	30分	2小時30分	慢慢取消
9～11個月	30分	2小時	沒有
1歲～1歲6個月	慢慢取消	2小時	沒有
1歲7個月～3歲	沒有	2小時	沒有
4～5歲	沒有	慢慢取消	沒有

睡眠時間的長度僅供參考

每個孩子需要的睡眠時間都不相同，有些孩子只睡十五至二十分鐘也能很有精神。

最重要的是媽媽要確實掌握孩子的白天睡覺週期。

白天的活動則有兩個重點。
重點1
上午盡量帶孩子出門散步，或讓孩子在戶外玩，接受陽光照射。
上午接受陽光照射，下午不行嗎？
沒錯！
一定要是「上午」才行！
因為上午的陽光能夠幫助孩子的身體分泌一種名叫「褪黑激素」（melatonin）的荷爾蒙，這種荷爾蒙能在夜晚激發強烈的睡意。
你想睡了～
褪黑素
褪黑素
褪黑素
你想睡了～
啊！褪黑激素能提升睡眠品質，我也聽說過！

重點 2

出生數個月之內的孩子，可以在家裡由爸爸媽媽陪著玩一些有節奏感的手掌遊戲，

肌膚接觸的遊戲或擊掌遊戲

其他如翻身的練習、伸手拿玩具的動作，對出生數個月之內的孩子都是相當好的運動！

等到會爬、會走的時候，請讓孩子多玩一些須要運動身體的遊戲。

如果天氣不好，不能到戶外玩，

則建議在公寓或自家內，依孩子的大動作發展情形進行適合的遊戲。

這種有節奏感的運動，
血清素
彈出
血清素
彈出
血清素
我們做了好多運動呢！
呼……
呼……
能夠幫助大腦分泌一種名叫「血清素」（Serotonin）的神經傳遞物質，具有安定心靈的效果。
白天形成的血清素，到了天黑後會轉化為具有幫助睡眠效果的褪黑激素。
血 血 血
褪 褪 褪
快睡吧！
快睡吧！
褪 褪 褪
呼嚕～
這就是為什麼白天多運動，晚上就會睡得好。
所以重點就在於照射上午的陽光，以及多運動身體對吧？
沒錯！
可以多參考一些教導親子互動遊戲（體操）的書籍！

關於白天的睡眠，也有三個重點。

重點 1

出生第四個月後，可以試著決定睡覺的時間，依照時間將孩子哄睡。

在三個月大之前，只要孩子想睡的時候讓他睡就行了。

重點2
白天睡覺並不是想睡多久就睡多久。時間到了就要把孩子叫醒。

嗨！起床喲！

睡覺時間請參考第31頁的「白天睡覺時間表」！

重點3
傍晚四點之後盡量別讓孩子睡覺。

※八個月大之後。

晚餐的準備工作盡量在白天完成，縮短傍晚做晚餐的時間。

盡量一邊做晚餐，一邊陪孩子說話或玩耍。

再等一下下喲～

如果真的忙不過來，可以提供孩子像布書之類，可操作性的玩具。

雖然傍晚是媽媽們最忙的時候，還是要盡可能安排與孩子的互動，別讓孩子睡著！

STEP 3

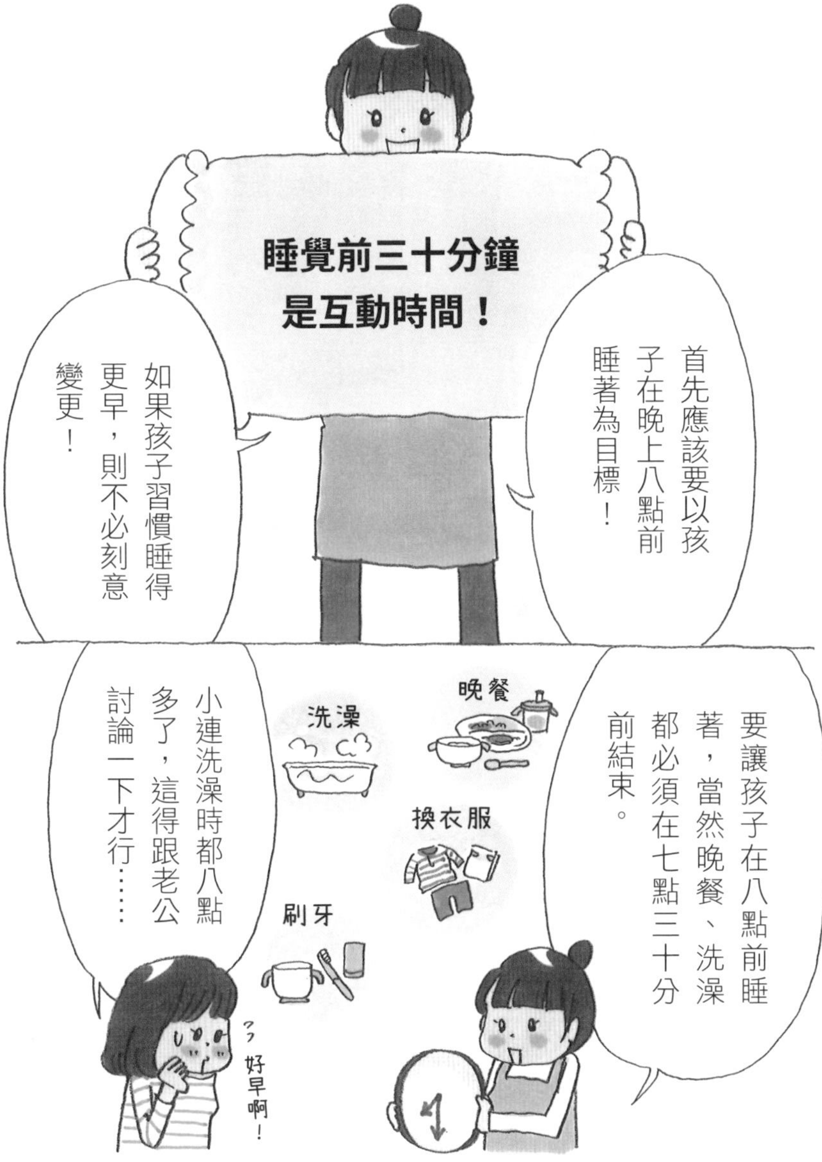
睡覺前三十分鐘
是互動時間！
首先應該要以孩子在晚上八點前睡著為目標！
如果孩子習慣睡得更早，則不必刻意變更！
要讓孩子在八點前睡著，當然晚餐、洗澡都必須在七點三十分前結束。
晚餐
洗澡
換衣服
刷牙
小連洗澡時都八點多了，這得跟老公討論一下才行……
好早啊！

睡前三十分鐘的相處重點
享受和孩子互動的時光！
把房間裡的燈光調整成間接照明或微弱的暖色小燈泡。
媽媽的說話方式必須比白天更低、更溫柔且更慢。
我們來喝ㄋㄟㄋㄟ吧！
千萬不能使用電視、電腦或智慧型手機！
暫時把家事和工作全都忘掉，專心陪伴孩子三十分鐘。
煩惱
老公
煩惱

還在喝奶的孩子

注意別讓孩子含著媽媽的胸部或奶瓶睡著！可以試著輕搔孩子的腳底，或是輕拍孩子的身體，盡量讓孩子多喝一點再睡。

這能有效防止夜啼喲！

先別睡喲～
搔癢搔癢～

可以在這時候餵母乳或配方奶。

已經斷奶的孩子

可以進行一些靜態的遊戲。

已經可以溝通的孩子

今天從幼兒園回來的時候……
原來是這樣，媽媽覺得你好了不起呢！
嗯！

媽媽可以陪孩子聊一聊當天發生的事情。

這種時候建議具體說出孩子的「哪些行為很好」！

養成每天三十分鐘互動的習慣，
能夠安撫白天的亢奮情緒，幫助孩子順利入眠，
而且也能讓媽媽和孩子的感情變得更好。
有些人可能因種種家庭因素而覺得這樣的生活作息很困難，
但為了調整孩子的生理時鐘，請和另一半商量並努力嘗試！

我回去就和老公談一談，今天馬上開始行動！
太好了！
但嘗試過後，如果狀況沒有改善，也千萬不要氣餒喲！
今天我所建議的「調整生理時鐘」三步驟，即使短時間之內沒有看見成效，以長遠的眼光來看，對小連一定有所幫助！請務必持之以恆地維持下去！
好的！

專欄

讓孩子和媽媽都輕鬆自在的「睡眠作息」

★習慣太陽的自然週期對嬰幼兒相當重要

想要利用生活週期讓孩子更舒適自在，其實並不難。嬰兒在出生後不久，就會感受到太陽的自然週期，並建立體內的生理時鐘。

大人平常過著「晚上也很明亮」的生活，對孩子來說其實是相當大的負擔，不僅會降低孩子的睡眠品質，而且容易導致孩子一整天情緒不佳。

首先請回憶一下，在小連的故事中提到的「調整生理時鐘三步驟」。

步驟① **早上七點前叫醒孩子！**
步驟② **調整白天睡覺的時間，讓孩子在白天盡量活動！**
步驟③ **睡覺前三十分鐘是親子互動時間！**

關鍵就在於「白天保持明亮、熱鬧，晚上保持昏暗、安靜」。

★確認睡眠作息的時間！

從下一頁起，將依不同的成長時期，

介紹合適的「睡眠作息時間」。這些睡眠作息時間是依據一般嬰幼兒的睡眠發育狀況，以及幼兒園的生活步調所製作的參考範例。只要按照這樣的作息，通常都可讓孩子感到生活舒適快樂。

本書列出這套睡眠作息時間，具有兩層意義：

①讓爸爸、媽媽容易規畫孩子「一天的作息時間」。

②讓爸爸、媽媽理解白天的睡眠狀況會隨著孩子成長而有所改變。

請試著一邊實踐三步驟，一邊觀察孩子的生活狀況。孩子只要每天在相同的時間起床，每天想睡覺的時間也會大同小異。

透過規律的生活作息以建立孩子個人的生理時鐘後，要帶孩子去公園玩或上街購物等行程時，都較不會有問題。

有些孩子白天只睡十五分鐘就會醒來，但只要每天的睡眠時間都很規律，就不必擔心。

不必完全分秒不差地配合本書所列的時間表，應該觀察自己孩子的生活週期，加以靈活變化。

★掌握自己和孩子的睡眠作息時間！

有些人在看了「白天睡覺的參考時間表」之後，會開始擔心「我家的孩子是不是有睡眠上的問題」！

當有這種憂慮的時候，請不要嫌麻煩，試著花一、兩星期的時間，記錄孩子每天的睡眠狀況吧！

・早上七點之前起床

・夜晚在床上睡覺的時間在九至十一小時之間

只要符合這兩個條件，而且每天維持相同的睡眠週期，那就無須擔心。

尤其是白天睡覺的時間長度，孩子之間的差異非常大。只須睡十至三十分鐘就足夠的孩子也不少。

不論是什麼樣的成長階段，只要沒有影響白天清醒時的情緒，就不必勉強孩子睡覺。

如果孩子白天有很長的時間處於情緒不佳的狀態，或是明明想睡卻睡不著的情況，可在中午十二點至下午三點之間，安排親子一起「在床上躺三十分鐘」的固定作息。

剛開始的時候，不管孩子有沒有睡著都無所謂。持續了一、兩週之後，原本因為外出等環境影響而難以入眠的孩子，到了時間就會開始想睡覺。當然最後也有可能是自己的孩子在這個時間不須要睡覺。

有些情況則是在孩子晚上變得好入眠、不再夜啼的時候，白天也跟著好入眠、睡得較熟。

因此就算是白天不須要睡覺的孩子，也建議在午餐過後不久，固定安排「在床上躺三十分鐘」的靜態活動。

不同成長階段的

睡眠作息時間表

0～1個月

這時期的嬰兒會反覆清醒、入睡，不受日夜影響。但從這個時期就要建立「白天保持明亮、熱鬧，晚上保持昏暗、安靜」的習慣。

※白天餵奶的時候，建議一邊溫柔的和孩子説話，一邊餵奶。

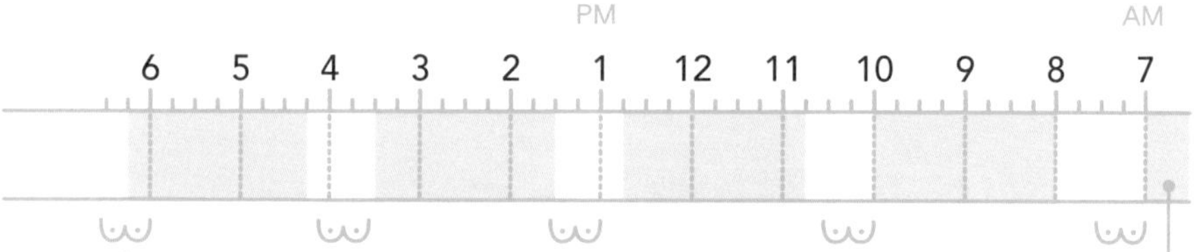

在滿月之前，建議在白天或傍晚為孩子洗澡。如果洗澡是爸爸負責的工作，與其晚上很晚才洗澡，不如早上起床後洗澡，比較不會妨礙孩子睡眠。

出生一個月的健康檢查，如果母子都很健康，可開始使用嬰兒揹巾將孩子帶到戶外散步。剛開始只要上午散步，十分鐘就行了。

拉開窗簾，讓陽光進入房間。在結束「擦臉」、「換尿布」等早上的固定動作後，就把孩子帶到客廳。（可以等到媽媽產後體力恢復再開始進行。）

★未滿月之前，如果媽媽的身體狀況尚未恢復，而且打算餵食母乳，則應該以能夠順利餵食母乳為首要考量。

★生活週期只要完全配合孩子就行了。如果孩子還在睡，沒有必要特地將孩子叫醒。但必須以房間內的明亮狀況，明確區分出早上起床的時間和晚上睡覺的時間。晚上最好別讓孩子待在明亮的客廳，就算孩子已經睡著了也一樣。

★如果對餵食母乳沒有自信，應該盡快向醫師尋求建議。在上軌道之前，一天往往必須餵食母乳十次以上。

餵奶的原則

只要孩子想喝，就盡量讓孩子喝！媽媽要記得多補充水分，就算餵奶次數比表上還多，也完全不用在意。

約每3小時餵奶80～140ml。

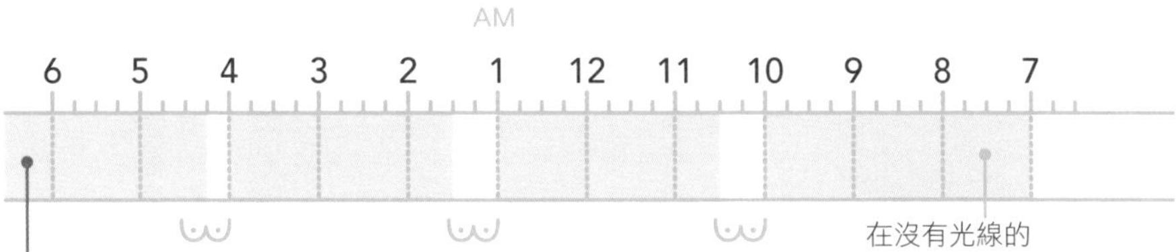

在沒有光線的房間哄睡。

在回臥房的三十分鐘前，就必須調暗燈光，一邊餵奶，一邊靜靜與孩子相處。

藍色區域為睡覺時間。

※晚上餵奶要保持安靜，並在黑暗中進行。

本時間表只是提供親子一天作息的大致概念。每一個孩子的實際狀況都不相同，尤其是在新生兒時期，餵奶的時間和每次睡覺的時間等，可能會有非常大的差異。應該以孩子的實際狀況為主，不須勉強配合本表。

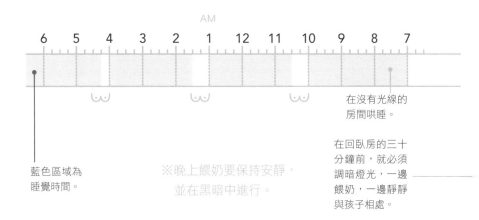

2～4個月

**這個時期是練習讓體內的生理時鐘
配合地球時間的重要時期，
同時也是容易陷入日夜顛倒狀況的時期。
一定要盡量調整生活作息，
讓孩子能清楚感受到地球的週期規律。**

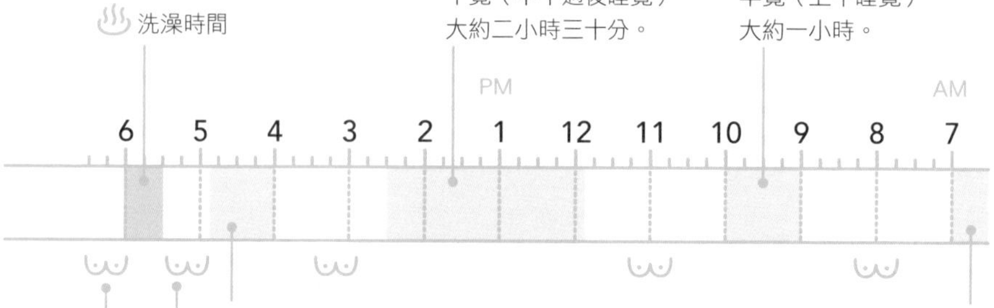
洗澡時間
午覺（中午過後睡覺）
大約二小時三十分。
早覺（上午睡覺）
大約一小時。
PM
AM
6
5
4
3
2
1
12
11
10
9
8
7
下午覺（傍晚睡覺）大約
三十分。一定要在五點前
把孩子叫醒。
在七點以前拉開窗簾，以
太陽光將孩子喚醒。在結
束「擦臉」「換尿布」等
早上的固定動作後，就把
孩子帶到客廳。
洗澡前先簡單
餵一次奶。

※白天餵奶的時候，建議一邊溫柔和孩子說話，一邊餵奶。

★出生兩個月之後，白天以睡覺三次（早覺、午覺、下午覺）為原則，持續大約一個月的時間慢慢調整孩子的作息。

★白天睡覺的情況，每個孩子差異很大。有些孩子的睡眠次數較多，但時間較短。只要每天維持固定的模式，就不須擔心。

★想要調整生活作息，就必須在早上叫醒孩子。

★有些較早起的孩子會在清晨五點多就醒來。媽媽如果起得來，可以把那個時間當成一天的開始；如果起不來，可以訂出「〇點之後才下床」之類的規定，讓孩子稍微等一下。

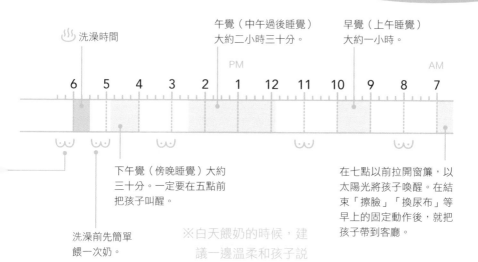

餵奶的原則

如果餵母乳已上了軌道，就可以漸漸改變「一哭就餵」的方針，改成「真的餓了才餵」。

2～3個月大：
約每3小時餵奶140～160ml。

3～4個月大：
約每4小時餵奶180～200ml。
餵奶次數約5～6次。

在沒有光線的房間哄睡。

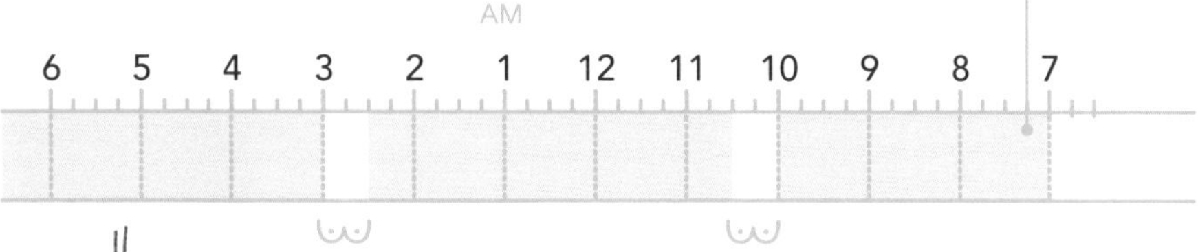

在回臥室的三十分鐘前，必須調暗燈光，開始餵奶。這個時期餵奶必須以確實餵飽為原則，注意別讓孩子還沒喝完就睡著了。

※晚上餵奶要保持安靜，並在黑暗中進行。
※注意別讓晚上餵奶的次數增加太多。

★這個時期的嬰幼兒，大多在晚上七點入睡至早上起床之間，必須餵奶兩、三次。但要注意別讓次數增加太多。

★就算母乳的量不夠多，也不要增加晚上餵奶的次數，而是想辦法增加白天餵奶的次數。例如把表中的「上午十一點的餵奶」改成「早覺的前、後」及「午覺的前、後」，就可以讓餵奶的次數增加三次。

★這個時期的嬰兒，平均每天要喝八百毫升以上的母乳。媽媽在餵奶前，記得先喝一杯水。

★如果乳房出現任何異狀，務必盡快尋求醫師協助。

5～6個月

**從這個時期開始，
白天睡覺逐漸減少為兩次（早覺和午覺）。
理論上夜間餵奶的次數會減少，
但如果孩子長期處於必須花很多時間才能哄睡的狀態，
很可能會在這個時期開始夜啼。**

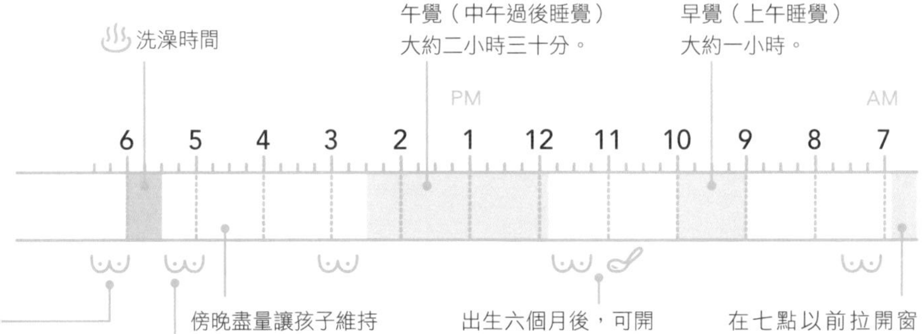

洗澡時間
午覺（中午過後睡覺）
大約二小時三十分。
早覺（上午睡覺）
大約一小時。
PM
AM
6
5
4
3
2
1
12
11
10
9
8
7

傍晚盡量讓孩子維持在清醒狀態。

出生六個月後，可開始吃副食品。如果擔心過敏，也可以再晚一點才開始。

在七點以前拉開窗簾，以太陽光將孩子喚醒。在結束「擦臉」、「換尿布」等早上的固定動作後，就把孩子帶到客廳。

洗澡前先簡單餵一次奶。

※白天餵奶的時候，建議一邊溫柔和孩子說話，一邊餵奶。

★出生五個月之後，逐漸將白天的睡覺次數減少為兩次。取消「下午覺」，只保留「早覺」及「午覺」。

★如果是習慣午覺時間較短的孩子，可能無法一直撐到晚上，這種情況可保留三十分鐘的「下午覺」。

★開始吃副食品的時間不用太急。可視情況進行，不必過於勉強。如果擔心過敏問題，可將開始時間延後兩、三個月也沒有關係。可看孩子吃副食品的意願來決定。

★有些媽媽在減少餵奶次數後，母乳的分泌量會減少，如果遇到這種情況，可試著增加白天餵奶的次數。

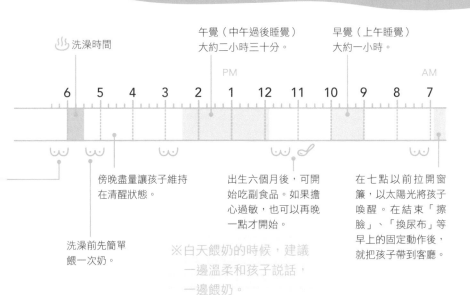

餵奶的原則

即使在開始吃副食品之後，大部分營養還是來自於母乳。

盡量讓孩子真的餓了之後再餵，注意不要增加晚上餵奶的次數。

約每4小時餵奶200ml。

就算開始吃副食品，也不必減少餵奶量。

在沒有光線的房間哄睡。

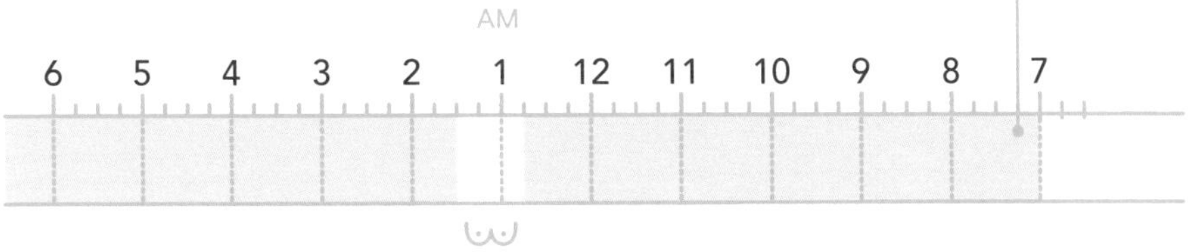

在回臥室的三十分鐘前，必須調暗燈光，開始餵奶。這個時期餵奶必須以確實餵飽為原則，注意別讓孩子還沒喝完就睡著了。

※晚上餵奶要保持安靜，並在黑暗中進行。

※注意別讓晚上餵奶的次數增加太多。

有些較早起的孩子會在清晨五點多就醒來。媽媽如果起得來，可以把那個時間當成一天的開始；如果起不來，可以訂出「○點之後才下床」之類的規定，讓孩子稍微等一下。

孩子晚上啼哭，不見得每次都是想喝奶。嬰幼兒的睡眠大約每隔一小時會變淺一次，有很多孩子會在這個時候發出半睡半醒的哭聲。可先試著觀察兩、三分鐘，什麼也不做。注意不要讓晚上餵奶的次數增加。

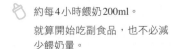

7～8個月

這個時期的孩子開始發展出獨特性，能有效哄睡孩子的方法也會不同。如果已經調整好生活作息，晚上卻還是會啼哭，就要配合孩子的狀況，改變哄睡的方法。

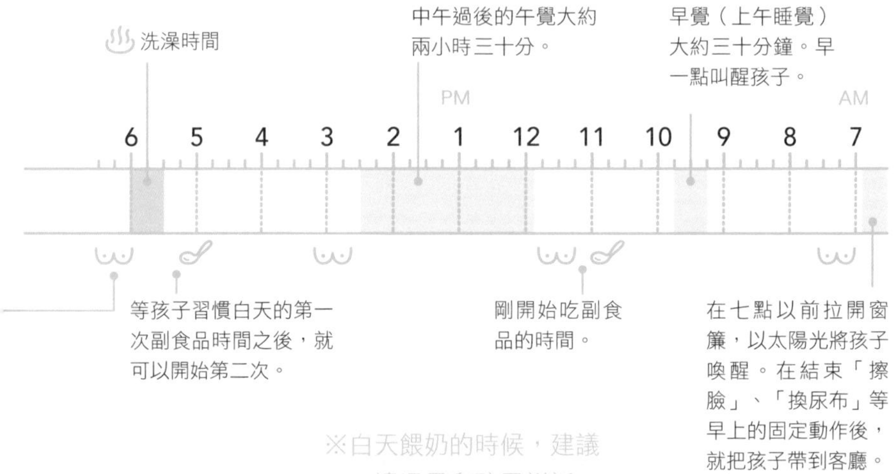

洗澡時間
中午過後的午覺大約兩小時三十分。
早覺（上午睡覺）大約三十分鐘。早一點叫醒孩子。
PM
AM
6 5 4 3 2 1 12 11 10 9 8 7
等孩子習慣白天的第一次副食品時間之後，就可以開始第二次。
剛開始吃副食品的時間。
在七點以前拉開窗簾，以太陽光將孩子喚醒。在結束「擦臉」、「換尿布」等早上的固定動作後，就把孩子帶到客廳。

※白天餵奶的時候，建議一邊溫柔和孩子説話，一邊餵奶。

★讓孩子習慣白天只睡兩次（「早覺」和「午覺」）。

★副食品不用太急，大致上以十個月大時，一天吃三次為目標。

★有些媽媽在減少餵奶次數後，母乳的分泌量會減少。如果遇到這種情況，可試著增加白天餵奶的次數。

★有些較早起的孩子會在清晨五點多就醒來。媽媽如果起得來，可以把那個時間當成一天的開始；如果起不來，可以訂出「〇點之後才下床」之類的規定，讓孩子稍微等一下。

餵奶的原則

即使在開始吃副食品之後，大部分營養還是來自於母乳。

盡量讓孩子真的餓了之後再餵，注意不要增加晚上餵奶的次數。

每次約200ml，餵的時間和表上的母乳標誌相同即可。

有些孩子會在開始吃副食品後，減少喝奶的量。

在沒有光線的房間哄睡。

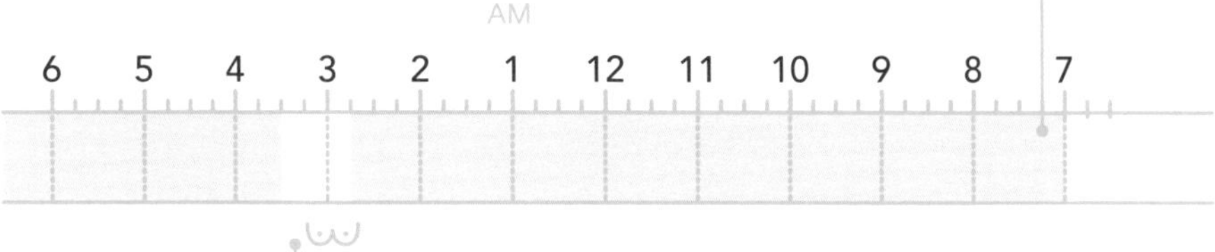

有很多孩子在這個時期就不再需要半夜餵奶。

在回臥室的三十分鐘前，必須調暗燈光，開始餵奶。這個時期餵奶必須以確實餵飽為原則，注意別讓孩子還沒喝完就睡著了。

※晚上餵奶要保持安靜，並在黑暗中進行。

※注意別讓晚上餵奶的次數增加太多。

這個時期就算孩子在半夜頻繁清醒，絕大部分的理由也不是肚子餓了，因此最好盡量拉開夜間餵奶的間隔，別為了讓孩子停止哭泣就急著餵奶。

如果想盡量拉長哺餵母乳的時期，在斷奶之前可維持在晚上餵奶一、兩次。

9～11個月

從這個時期開始，
白天的運動量會大幅影響睡眠品質。
可藉由引誘孩子爬行來增加運動量，
調整孩子的生活作息。
白天睡覺的時間也要逐漸縮短。

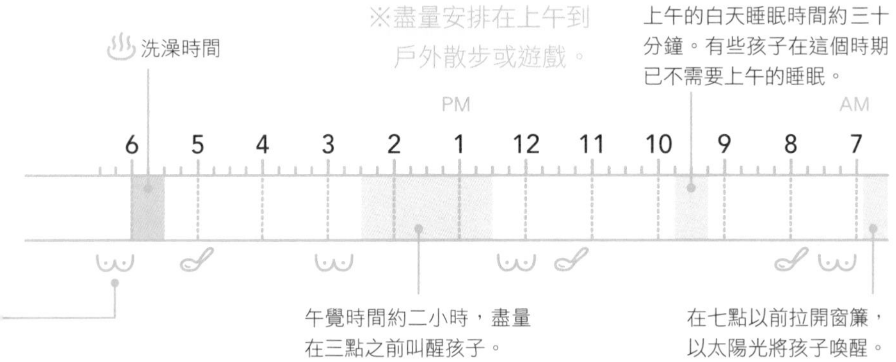
※盡量安排在上午到
戶外散步或遊戲。
洗澡時間
上午的白天睡眠時間約三十
分鐘。有些孩子在這個時期
已不需要上午的睡眠。
PM
AM
6 5 4 3 2 1 12 11 10 9 8 7
午覺時間約二小時，盡量
在三點之前叫醒孩子。
在七點以前拉開窗簾，
以太陽光將孩子喚醒。

嬰幼兒大約在一歲三個月之後，就不再需要早上的睡眠了。有些孩子較早，會在這個時期就開始適應早上不睡覺，因此如果發現孩子不太睡得著，可以試著取消早上的睡眠。

在取消睡早覺的過程中，如果發現孩子不太能撐到午覺時間，可以讓孩子早一點吃完午餐的副食品，在十一點三十分左右開始睡午覺。

有些較早起的孩子會在清晨五點多就醒來。媽媽如果起得來，可以把那個時間當成一天的開始；如果起不來，可以訂出「〇點之後才下床」之類的規定，讓孩子稍微等一下。

餵奶的原則

逐漸減少夜間餵奶。

雖然餵奶的量減少了，但是媽媽在餵奶之前，還是要確實補充水分。

從這個時期開始，來自副食品的營養比例會逐漸增加。

可開始讓孩子練習在吃完副食品後，以杯子喝牛奶。

在沒有光線的房間哄睡。

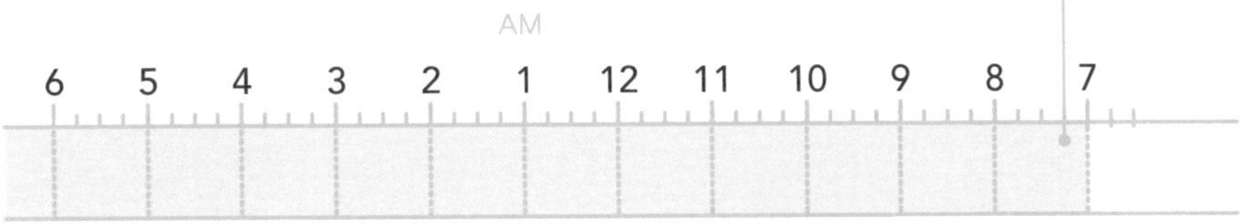

在回臥室的三十分鐘前，必須調暗燈光，開始餵奶。這個時期餵奶必須以確實餵飽為原則，注意別讓孩子還沒喝完就睡著了。

這個時期就算孩子在半夜頻繁清醒，絕大部分的理由也不是肚子餓了，因此最好盡量拉開夜間餵奶的間隔，別為了讓孩子停止哭泣就急著餵奶。

如果想盡量拉長哺餵母乳的時期，在斷奶之前可維持在晚上餵奶一、兩次。

1歲～1歲6個月

從這個時期開始，上午的睡眠會逐漸消失。大致上以一歲三個月時完全取消早覺為目標。孩子的體力在這時也會逐漸增加，應該多讓孩子做爬行或走路的遊戲，增加運動量。

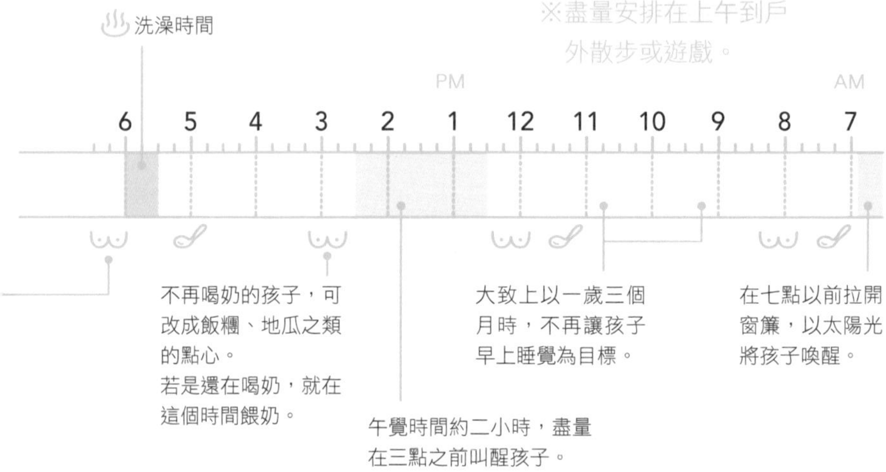

洗澡時間
※盡量安排在上午到戶外散步或遊戲。
PM
AM
6
5
4
3
2
1
12
11
10
9
8
7
不再喝奶的孩子，可改成飯糰、地瓜之類的點心。若是還在喝奶，就在這個時間餵奶。
午覺時間約二小時，盡量在三點之前叫醒孩子。
大致上以一歲三個月時，不再讓孩子早上睡覺為目標。
在七點以前拉開窗簾，以太陽光將孩子喚醒。

嬰幼兒大約從一歲三個月之後，就不再需要睡早覺，因此如果發現孩子不太睡得著，或是午覺時間變短，可以試著取消早覺。

在取消早覺的過程中，如果發現孩子不太能撐到午覺時間，可以讓孩子早一點吃完午餐的副食品，在十一點三十分左右開始睡午覺。

有些較早起的孩子會在清晨五點多就醒來。媽媽如果起得來，可以把那個時間當成一天的開始。如果是這種情況，可在早餐和午餐之間加入一次餵奶或點心，不要讓孩子太餓。

餵奶的原則

大部分營養來源逐漸由副食品取代。

若單從營養的層面來看，差不多可以不再喝母乳了。

在餐後和點心時間，以杯子讓孩子喝牛奶，一天的總量控制在300～400ml左右。

剛開始的時候，點心時間可以只喝牛奶。

在沒有光線的房間哄睡。

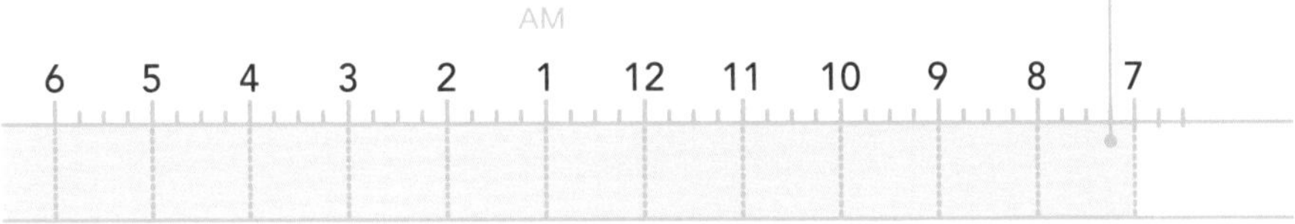

若孩子不再喝母乳，可改成親子的親密時間。睡覺前的餵奶也差不多可以戒掉了。
睡前三十分鐘就要把光線調暗，進行一些靜態的遊戲或享受親子時光。建議睡前讓孩子喝一點水。

★ 這個時期的夜啼，絕大部分的原因是生活作息不正常，或是哄睡習慣的問題。別為了讓孩子停止哭泣就急著餵奶。

★ 斷奶的時間可依媽媽自身的想法和孩子的要求，自由前後調整。

★ 如果想盡量拉長哺餵母乳的時期，在斷奶之前可維持在晚上餵奶一、兩次。

1歲7個月～3歲

**這個時期已完全不需要睡早覺，
調整生活作息會變得很容易。
繼續維持上午多玩一些高運動量的遊戲，
晚上就能早點睡覺。**

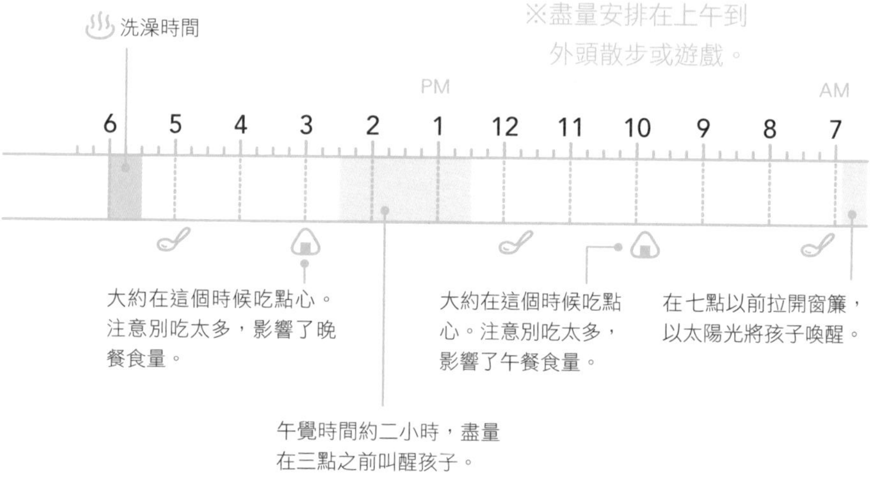
洗澡時間
※盡量安排在上午到
外頭散步或遊戲。
PM
AM
6
5
4
3
2
1
12
11
10
9
8
7
大約在這個時候吃點心。注意別吃太多，影響了晚餐食量。
大約在這個時候吃點心。注意別吃太多，影響了午餐食量。
在七點以前拉開窗簾，以太陽光將孩子喚醒。
午覺時間約二小時，盡量在三點之前叫醒孩子。

★到了三歲之後，午覺的時間會越來越短，有些孩子甚至已不用睡午覺。

★有些較早起的孩子會在清晨五點多就醒來。媽媽如果起得來，可以把那個時間當成一天的開始。

★斷奶的時間可依媽媽自身的想法和孩子的要求，自由前後調整。

★這個時期的夜啼，絕大部分是生活作息、哄睡習慣，或是對幼兒園的新環境感到不安所導致。建議睡前三十分鐘好好和孩子享受天倫之樂，讓孩子感到安心。

餵奶的原則

- 不管是喝母乳還是喝配方奶長大，當孩子已結束喝奶階段之後，就不必刻意讓孩子喝成長奶粉或牛奶。
- 但在飲食上要注意營養均衡。
  補充水分最好喝開水或是不含咖啡因的茶（如麥茶）。
- 吃點心是為了補充三餐攝取不足的營養。

  最好選擇飯糰、地瓜、水果之類，不要提供甜食，避免糖分攝取過量。

  果汁也盡量不要喝。

在沒有光線的房間哄睡。

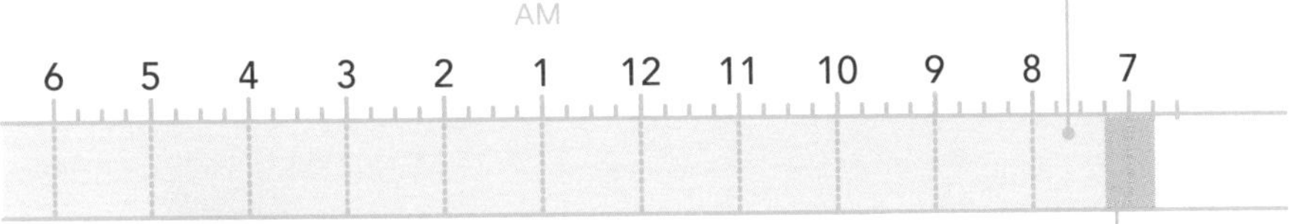

若孩子不再喝母乳，可改成親子的親密時間。睡覺前的餵奶也差不多可以戒掉了。
睡前三十分鐘是親密時間，好好享受親子時光，或是進行一些靜態的遊戲。建議睡前讓孩子喝一點水。

如果想盡量拉長哺餵母乳的時期，在斷奶之前可維持在晚上餵奶一、兩次。

4歲～5歲

這個時期大部分孩子都會進入幼兒園，因此生活作息的調整會比較容易。不過這個時期的孩子會開始有明確的興趣和想法，晚上有可能因為玩遊戲或看電視而耽誤了睡覺時間，必須特別注意。

洗澡時間

在這個時間吃點心。注意不要吃太多，影響晚餐食量。

近年來有越來越多孩子在幼兒園裡不肯睡午覺。在家時也不一定會睡，建議不要硬性規定。*2

幼兒園在這個時間會吃點心，所以孩子在家時也可以提供適量的點心，以維持學前孩子少量多餐的餐點供應。*1

在七點以前拉開窗簾，以太陽光將孩子喚醒。

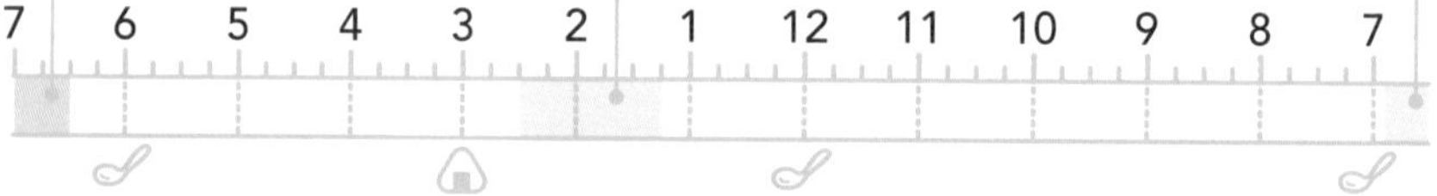

PM
AM
7 6 5 4 3 2 1 12 11 10 9 8 7

※盡量安排在上午讓孩子玩一些運動量大的遊戲。

在沒有光線的房間哄睡。

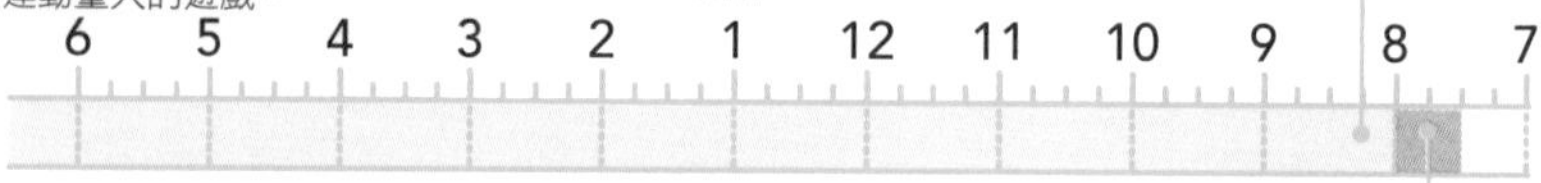

AM
6 5 4 3 2 1 12 11 10 9 8 7

睡前三十分鐘是親子時間，好好享受肌膚之親，或是玩一些靜態的遊戲。建議睡前讓孩子喝一點水。

餵奶的原則

吃點心是為了補充三餐攝取不足的營養。最好選擇飯糰、地瓜、水果之類，不要提供甜食，避免糖分攝取過量。果汁也盡量不要喝。

★建議規定孩子從吃完晚餐到睡前這段時間不能看電視和玩遊戲，養成早睡早起的習慣。

★早餐一定要好好吃，上午才有體力玩。忙碌的日子可以做一些較簡單的食物，但絕對不能讓孩子不吃早餐。

★慢慢讓孩子練習一個人睡覺，不必再由父母哄睡。但就算孩子能自己一個人睡了，也建議不要取消睡前的親子時間，可以在這段時間裡聊一聊當天發生的事情。

★在進入小學低年級之前，要讓孩子保持晚上八點睡覺的習慣。

*1：依據臺灣幼兒園餐點供應之規定：上午點心與中午正餐時間，至少間隔二小時；午睡與下午餐點時間，至少間隔半小時。

*2：依據臺灣幼兒園幼兒午睡時間之規定：午睡時間，二歲以上未滿三歲幼兒，以不超過二小時為原則，三歲以上至入國民小學前幼兒，以不超過一小時三十分鐘為原則。

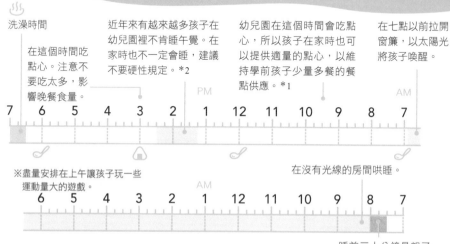

第 2 章

直子媽媽的煩惱

哄睡

接著輪到下一位媽媽。
啊，是！
我叫直子，他是我兒子小旬，十一個月大。
麻煩您了。
我的煩惱是……把孩子哄睡非常累！
哄睡嗎？
那請問直子媽媽，現在是以什麼樣的方式哄睡呢？
我每天晚上八點就會開始哄孩子睡覺……
奶也喝完了，肚子飽飽的吧？
來，我們睡覺了！
嗶！
為什麼會累呢？理由就在於……

小旬一定要我抱著他搖晃，他才願意睡！
經過三十分鐘了……
搖搖
搖搖
加油！快睡吧！快睡吧！
嗚～
手……手臂好痠……
糟糕！我的臉好癢……
搖搖
搖搖
搖搖
而且……
偷偷坐下……
呼
嗚……
睜開
啊！
哇～哇～哇啊～
站起來！繼續搖啊！
哎呀！
讓媽媽休息一下啦！
不僅要抱著，而且一定要站著搖晃，不然小旬就會嚎啕大哭。
總之小旬很不容易睡著，我試過了很多據說能幫助入睡的方法，
早上早點起床
白天明明在兒童館玩了那麼久，為什麼還這麼有精神？
白天多運動
啪！
啦啦
哇～哇～
調整喝奶的量
調整洗澡時間
但是全都沒什麼效果！

每天大約都要花一小時
才能把小旬哄睡。
呼……
終於睡了！
而且……
輕輕放……
輕輕放……
呼～
呼～
如果放在床上的時機不對
的話……
輕輕拉
!!
睜開！
啊！太早放在
床上了嗎？
哇啊
嗚嗚
啊啊
就得從頭再來一次
「站起來抱著搖晃」的步驟。
所以小旬在床上真正熟睡，
經常是兩個小時之後的事了。
終於睡了
……
呼～
呼～
精疲力盡……
累…

小旬在床上睡著之後，能一覺到天亮嗎？
不行，中途會醒來兩、三次，每次都得重新站著搖晃到睡著……
有時會想叫老公幫忙，但我老公工作忙，而且經常出差……
今天會比較晚回家。
下週末確定要出差。
而且小旬被爸爸抱，反而會哭得更大聲……
哇啊啊啊
看來還是得媽媽抱才行！
哇啊啊啊啊～
剛出生幾個月時，我還能勉強應付，但隨著小旬的體重逐漸增加……
好啦！好啦！嘿咻……
哇啊啊啊啊～
沉重
嗚！
最近我感覺腰和手臂都無法負荷了……

每天睡眠不足，體力透支。
為什麼我兒子照顧起來會這麼辛苦？
我受夠了……好害怕夜晚的到來……
要怎麼做才能輕鬆將他哄睡？
讀了育兒書籍或雜誌，比較兒子跟書中同齡的嬰兒實例，就會覺得很沮喪……
每天晚上都這樣嗎？真的很辛苦呢！
我現在只是請育嬰假，未來還想回公司上班。但小旬的情況讓我很擔心無法順利回歸職場，
請問我到底該怎麼辦才好？

小旬現在十一個月大，
這個時期常見的情況，是白天運動量不足，導致晚上難以入眠。
唔……
但直子媽媽白天確實讓小旬運動了，而且起床和睡覺時間也沒有問題。
生活作息很規律……
像這種明明生活作息很規律，孩子卻經常夜啼的情況，
原因大多是出在「哄睡的方法」上。
哄睡的方法？

在剛剛第一個案例中，我曾經提過，
嬰兒夜啼的主要原因是「生理時鐘出問題」。
其實從睡眠醫學的角度來看，夜啼還有另一個重要原因，
那就是「哄睡的方法出問題」。

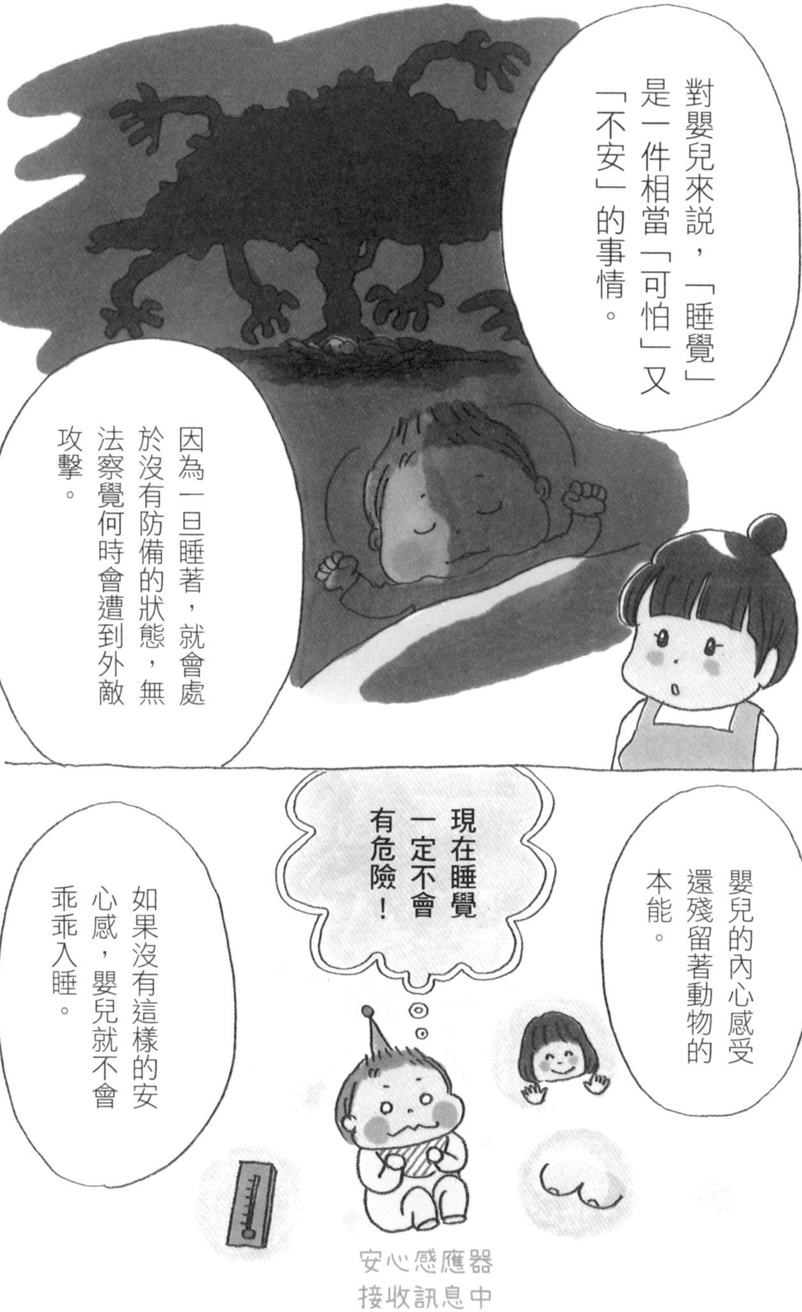
對嬰兒來說，「睡覺」是一件相當「可怕」又「不安」的事情。
因為一旦睡著，就會處於沒有防備的狀態，無法察覺何時會遭到外敵攻擊。
嬰兒的內心感受還殘留著動物的本能。
現在睡覺一定不會有危險！
如果沒有這樣的安心感，嬰兒就不會乖乖入睡。
安心感應器接收訊息中

因此要讓嬰兒乖乖睡覺，「充足的安心感」是相當重要的。
而這種安心感必須仰賴習慣來建立。
乖，睡覺嘍！
嬰兒一出生之後，馬上就會記住媽媽哄自己入睡的方法，並且將這個方法當作安心入睡的必要條件。
咦？從一出生就開始了嗎？

仔細想想，小旬剛出生的時候，我只要餵完奶之後，抱起他站著輕輕搖晃，他馬上就會睡著，所以我才會每次都用這個方法哄他睡覺。
沒錯！
小旬正是記住了媽媽的這個習慣！

而且把這個習慣當成了「睡覺時的安心感」的必要條件！
媽媽
站著
抱著
搖晃

當嬰兒熟悉了這個安心感之後，每次睡覺都會強烈要求母親「以同樣的方式將自己哄睡」。
啊……
難怪我只要坐下或停止搖晃，他就會哭泣或生氣。
當我把他放在床上時，他很容易清醒，也是因為沒有抱著的關係？

這種時候，小旬的心情大概就像這樣。
睜開
……嗯？
咦？
這裡是哪裡？
咦？
咦？
媽媽沒有抱著我？
媽媽
抱著
搖晃
這麼一來，
小旬發現平常的「安心感」不見了，
好可怕～
哇啊啊～～
媽媽～快救我～
內心就會變得很焦慮。
而且在重複了幾次被媽媽放下的經驗後，小旬在睡覺時會開始擔心「媽媽可能會把我放下」。
!?
緊張
唔～
睜開
好可怕！我不要！
緊張
緊張
如此一來，哄睡的時間就會越拉越長。
緊張
!?
睜開
我不要感到不安！
緊張
「被放下時的感覺」也會越來越敏銳，造成惡性循環。

唉！原來如此。
現在的狀況，不管是對我還是小旬，都造成很大的困擾。
最近我甚至開始懷疑，小旬不睡覺是故意捉弄我。
在生孩子之前，我本來以為哄睡孩子是件很幸福快樂的事……
小旬媽媽，像你這種感到身心無法負荷，或是哄睡要耗費太多精力的情況，
應該試著改變「哄睡的方法」！
每個孩子的情況不盡相同，有些孩子直到四歲都還會要求母親「以同樣的方式哄睡」呢！

改變哄睡的方法？
我之前自己查過資料，也嘗試過了，但小旬哭得很慘，所以我就放棄了……
很多媽媽都這麼說呢！
嗯！
但你想想看，原本能夠安心睡覺的習慣被改變了，孩子會哭泣也是很正常的，不是嗎？
媽媽
抱
黏著
搖晃
媽媽在哪裡？
媽媽沒有給我安心感！
我剛剛說過，建立安心感的方法是「每天做相同的事」。
所以就算孩子一直睡不著，或是哭個不停，還是要努力堅持下去。
要獲得讓孩子安心入睡的方法，靠的不是「尋找」，而是親子一起努力「建立」。

啊！
原來如此！
過去
我一直在尋找讓小旬快速入睡、不哭泣的方法，
但原來「安心入睡的方法」是要由我和小旬一起建立！
沒錯！
現在的小旬必須要在「媽媽的懷裡」才能安心入睡。
想要讓小旬明白「在床上睡覺也可以很安心」，就必須在小旬還醒著的時候，把他放在床上。
被媽媽
抱
我不安！
我害怕！
呼～
睜開
啊！
原來一點也不可怕……!!
雖然小旬會哭泣，但是要讓他的身體記住「安心感」，就要一次又一次讓他在床上睡覺。

不過媽媽當然不忍心看著孩子一直在床上哭泣。
因此接下來要說明改變哄睡的方法時，能夠大幅減少哭泣時間的小技巧。

試著改變哄睡方法吧！

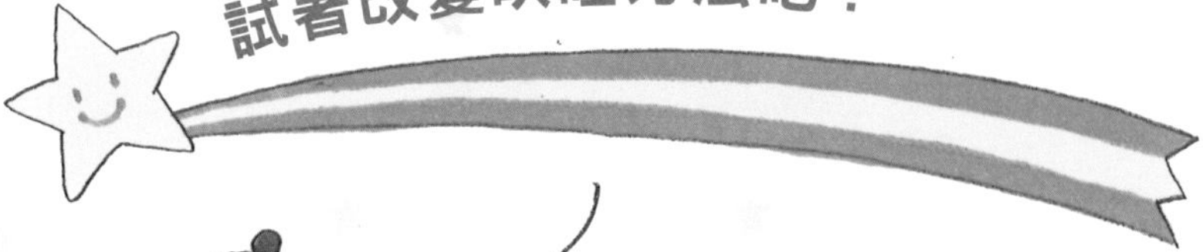

在嘗試本節內容前，請先確認前面提到的「生活作息」沒有問題！

重點1

事先決定一種哄睡的方法

不管使用什麼方法，只要孩子習慣了之後，慢慢就能安心入睡。

因此爸爸、媽媽必須先決定好一種「有自信能夠持續做一年」的新哄睡方法。以下依據類別，介紹幾種「就算半夢半醒也能做到的輕鬆哄睡方法」。

如果是強烈需要媽媽乳房的孩子……

有些孩子在入睡時，會需要緊貼著媽媽乳房。對這樣的孩子而言，乳房就像是一種幫助入眠的工具。

如果是這樣的孩子，可以試著準備一些幫助入眠的代替品。

哄睡的步驟

在睡前的餵奶時，就把代替品交給孩子。

一邊這麼告訴孩子，一邊餵奶。

當孩子開始有睡意的時候，就把乳房從孩子的口中移出。

建議先將小指頭從孩子的嘴角放入口中，再將乳房移出。

孩子可能會哭泣……

這時還是要一邊對孩子這麼說，一邊把代替品放在孩子身邊。

剛開始的時候，大部分的孩子都會把代替品扔出去，這時媽媽要不厭其煩的重複相同動作，讓孩子理解「媽媽給了代替品就是要睡覺了」。

如果持續一、兩星期，還是沒辦法讓孩子接受「拿到代替品等於睡覺」的規則，代表孩子自己會找到入眠的方法，並不需要乳房以外的「代替品」。

要注意別讓孩子在餵奶的時候睡著！

建議可以試試改由爸爸哄睡。

爸爸沒有乳房，孩子反而比較容易放棄！

如果是一點點聲音也會驚醒的孩子……

驚

像這類型的孩子，就要在睡前的親子時間給予充分的安心感。

請參考第1章的步驟3！

哄睡的步驟

在孩子的額頭由上往下，或是以畫圓圈的方式撫摸。

就算孩子閉上了眼睛，還是要繼續撫摸，給予充分的安心感。

可以一邊撫摸，一邊溫柔的重複簡單句子。
別擔心～
別擔心～

像這樣的孩子，也推薦使用「幫助入眠的代替品」。

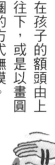

如果是不斷想要吸引母親注意的孩子……

有些孩子在開始哄睡之後，可能會突然坐在媽媽身上、拍打媽媽的身體、玩弄媽媽的臉孔，或是突然離開被窩、開始玩玩具……

如果是這樣的孩子，一定要事先把臥房裡的危險物品和玩具全部收起來。

哄睡的步驟

不管孩子在做什麼，媽媽都要假裝睡著，不可以理會。

可以故意發出鼾聲，讓孩子知道「媽媽睡著了」。

如果孩子吸引媽媽注意的手段越來越激烈，媽媽可以假裝在睡夢中翻身，不讓孩子得逞。

窗簾最好拉上，盡可能讓孩子在完全黑暗的環境中入眠！

雖然很容易入眠，但會在半夜突然哭泣，或是年齡已超過兩歲的孩子……

有些孩子雖然很好哄睡，卻會在半夜突然哭泣。像這樣的孩子，最好在睡覺前的昏暗光線下，陪著孩子一起回顧今天發生的各種美好事情，讓孩子的身心獲得舒緩。

孩子在半夜驚醒、哭泣，很可能是因為在夢中回想起今天遇上了不開心或害怕的事情。

哄睡的步驟

如果是較大的孩子，媽媽可以帶著孩子來一趟「道晚安之旅」，也就是向孩子的玩具、玩偶、家具或小馬桶一一道晚安，

接著才上床睡覺。

這麼做可以提高孩子的「睡覺意願」，減少到了床上才說不想睡、鬧脾氣的情況。

先向玩具說晚安～
接著向衣櫥說晚安～
接下來是～
晚安～

在睡覺前讀繪本給孩子聽也是好辦法！

另外還有這種方法……

在孩子的肚子上、背上或屁股上輕拍。

固定節奏的輕拍能有效誘發睡意，對任何類型的孩子都適用！

但是在孩子真正睡著之前，就要停止輕拍。

接著只把手掌放在孩子的身上，讓孩子靠自己的力量入眠，媽媽盡量不再採取任何動作！

如果在孩子完全熟睡之後還繼續輕拍，當媽媽停止輕拍時，孩子就醒了。

或是和孩子緊靠在一起睡覺……
可以把手放在孩子的肚子上，或是和孩子手牽手，光是這樣就能帶給孩子充分的安心感。
以上依照不同孩子類型，介紹幾種哄睡的方法，實際嘗試時可以加以組合或靈活變化，例如說一些自己編的故事，或是念一些自己想像的咒語。
哄睡的行為，其實就是讓孩子知道「現在可以安心睡覺」的訊息。決定哄睡的方法時，一定要盡量讓自己輕鬆，判斷標準就是想一想「有沒有自信能夠持續一年」。

重點2 把改變哄睡方法的決定告訴孩子。

為了讓寶貝睡得更香甜，跟著媽媽在床上練習睡覺吧！
小熊也會幫寶貝加油！
唔～唔～

類似像這樣，以比較簡單易懂的方式告訴孩子。

就算是剛出生不久的孩子，也一定要親口明確告知。

就像是在展現媽媽的決心！
一定要說喲！

最好先和老公討論該採用何種哄睡方法，並獲得他的協助。

重點 3

從改變哄睡方法當天算起的一星期內，要努力增加孩子的白天運動量。

白天讓孩子多玩、多運動，讓孩子感到疲累。

睡覺前多說一些「媽媽最愛你了」或「謝謝你當媽媽的孩子」之類的感性言語。

而且要多和孩子親近，增加親子互動的機會。

重點4
從白天起就要澈底轉換成新的哄睡方法。
打嗝！
好！
從現在就開始努力！
來！我們到床上睡覺吧！
滾滾
輕拍
十分鐘後
哇啊啊啊啊～
人家要媽媽像平常一樣抱著哄睡啦！
孩子這時的哭聲，正是在要求媽媽「用原本的方法哄睡」。

重點 5

開始實施之後，一星期內絕對不能改回原本的做法。

絕大部分的孩子都沒有辦法在改變哄睡方式之後馬上順利入眠。這時千萬要注意，絕對不能為了讓孩子停止哭泣而恢復原本的哄睡方法！

如果試了十五分鐘左右，孩子還是哭個不停，完全沒有想睡覺的跡象，這時就先陪孩子玩一玩，讓孩子轉換一下心情。

當孩子有了睡意之後，再次以新的哄睡方法嘗試將孩子哄睡。

重複了兩、三次之後，孩子就會理解「媽媽在教我新的睡覺方式」。

以上就是嘗試改變哄睡方法的實際做法。
果然剛開始還是得讓孩子哭才行……
我只要聽到孩子哭個五分鐘，心就彷彿糾結在一起，
真擔心我狠不下心！
我能體會媽媽的心情。
但如果媽媽半途而廢，恢復了原本的哄睡方法，
以後要讓孩子習慣新的做法，就會更加困難！
因為孩子會記住「我哭了很久之後，媽媽恢復了原本的哄睡方法」。
原來我要哭很久，媽媽才會明白我要的是什麼！
我要抱抱～
我要抱抱～
當孩子有了這樣的記憶之後，下一次再改變哄睡方法，孩子會拚命哭到精疲力竭為止。

還有，如果為了讓孩子停止哭泣，而不斷改變哄睡的方法，
孩子反而會搞不清楚自己到底該怎麼睡才對。
乍看之下似乎很殘酷，但是要讓孩子理解「哄睡的方法已經改變了」，澈底執行反而才是最溫柔的方法。
原來如此！媽媽要擁有不輸給哭聲的堅強意志。

雖然要試了才知道，但如果在執行的過程中，孩子一直哭，完全沒辦法停下來，又該怎麼辦呢？
執行的第一天，孩子的睡眠週期一定會被打亂，這是可以預期的結果。
而且孩子在前三天多半會哭個不停，讓媽媽心慌意亂。
但是孩子的適應能力其實是很強的。
只要每天重複相同的動作，孩子就會開始感到「安心」，逐漸理解「這是新的睡覺訊息」，並且逐漸適應。

話雖如此，但有的孩子只要一天就能適應，有的孩子可能要花上一個月才能適應。
每個孩子的情況都不盡相同。
如果媽媽真的害怕孩子的哭聲，或是擔心孩子會哭個不停，可以在孩子哭泣時抱起來，讓孩子含著乳房。
但有一個重點！
那就是只要孩子有了睡意，一定要以新的哄睡方法讓孩子睡著！
換句話說，就算媽媽為了讓孩子停止哭泣而恢復了原本的哄睡方法，也絕對不能讓孩子在那樣的狀態下睡著！
啊！
呼～
搖晃
搖晃
一定要讓孩子習慣「以新的哄睡方法睡著」的感覺！
呼～

很多媽媽看到孩子哭個不停，都會忍不住向孩子說「對不起」，但這時媽媽不應該向孩子道歉。
別擔心，媽媽陪在你身邊。
別擔心，別擔心……
而是應該說些像這樣的話。
這也能讓媽媽的想法變得比較正面、樂觀！
不過在嬰幼兒的成長過程中……
有些時期確實比較難改變哄睡習慣。
例如兒童健康手冊上也提到，在嬰幼兒開始學會這些主要動作的時期，
・翻身
・坐起
・爬行
・走路
由於大腦和身體同時快速成長，因而出現餵奶次數增加、睡眠變淺等現象，連帶導致睡眠變得不規律。

此外，嬰幼兒在約七個月大的時候，會開始出現喜歡跟在媽媽身後，以及怕生等現象，而且也漸漸具有分辨各種事物差異的能力。
這個時期的孩子可能會對哄睡方法有著特別的堅持，當媽媽要加以變更時，孩子的反抗可能也會比較激烈。
這個時期會持續多久，每個孩子的狀況都不一樣，但大部分的孩子會在九個月至一歲大的時候情緒恢復穩定。
如果新的哄睡方法堅持了一星期之後，發現孩子完全沒有辦法適應，就有可能是孩子剛好處在不適當的時期，這時可以選擇暫時恢復原本的哄睡方法。
如果要恢復，就和開始新的方法一樣，一定要澈底執行，孩子才容易理解。

等到過了大約一個月之後，就可以再次嘗試看看。
成……
成功了！
嘶～
嘶～
有時只是換了一個時期，就會變得非常順利呢！
而且有時候只是調整了生活作息，就會發現孩子不再夜啼了。
啊！
原來如此！
還有……
當孩子逐漸習慣新的方法時，
一定要好好向孩子表達感謝之意。
在隔天早上，
或是睡覺之前……
早安！
你昨天和小熊一起睡覺了，謝謝你！
此外……

有些孩子剛開始改變哄睡習慣時可能很順利，但過了兩星期後，又開始不睡覺或哭鬧了，這也是很常發生的情況。這時不管孩子睡不睡，媽媽一定要堅持下去。
每個孩子的適應情況都不相同，所以就算不順利，也千萬不能急躁。
以爸爸、媽媽的負擔不會太大的前提下，努力堅持看看吧！
我知道了！
剛開始應該會很辛苦，但我會努力和小旬一起建立良好的睡覺模式！

專欄

嬰幼兒為什麼在晚上會常醒來？

★先理解成年人的睡眠機制

嬰幼兒在半夜清醒的情況真的很頻繁。想要知道原因，就必須先理解成年人的睡眠機制！

睡覺的時候，人的大腦並非一直維持相同的狀態。事實上睡眠有兩種模式，一種稱為「快速動眼睡眠」（rapid eye movement sleep），另一種則稱為「非快速動眼睡眠」（non-rapid eye movement sleep），這兩種模式會不斷輪替。

一次的「非快速動眼睡眠」和一次的「快速動眼睡眠」，可視為一個循環。成年人在晚上睡覺的時候，這樣的循環大概會重複四、五次。

「非快速動眼睡眠」的特徵，又可分為淺眠和深眠。當進入深眠狀態時，大腦會充分休息；處於淺眠狀態時，大腦則在進行記憶的儲存作業。而「快速動眼睡眠」的特徵，就在於會做夢。

此外還有一個重點，就是處於淺眠

2歲幼兒的睡眠週期

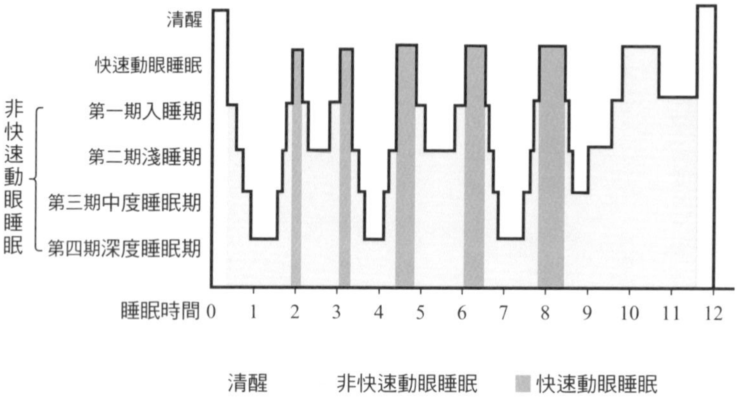
清醒
快速動眼睡眠
非快速動眼睡眠
第一期入睡期
第二期淺睡期
第三期中度睡眠期
第四期深度睡眠期
睡眠時間 0 1 2 3 4 5 6 7 8 9 10 11 12
清醒
非快速動眼睡眠
快速動眼睡眠

資料來源：駱明潔教授（國立臺中教育大學幼兒教育學系）

狀態時，大腦會判斷「現在是不是能夠睡覺的安全狀態」。

就像這樣，睡眠時的狀態其實不斷在改變。這是因為如果一直處於深度睡眠的狀態，當半夜發生什麼意外時，將沒有辦法應變。必須要穿插一些淺眠的時期，才能應付半夜的火災、地震等危險狀況。

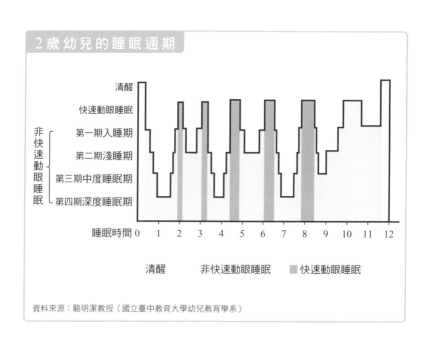

★嬰幼兒的睡眠機制又是如何呢？

嬰幼兒的睡眠時間比成年人更長。那麼，嬰幼兒的睡眠和成年人有何不同？

其實嬰幼兒的睡眠和成年人一樣，有著「非快速動眼睡眠」的淺眠、深眠循環和「快速動眼睡眠」。

唯一的差別，只在於循環週期的長短。成年人「非快速動眼睡眠」到「快速動眼睡眠」的一次循環，大約要花九十至一百分鐘。

相較之下，新生兒的一次循環只花四十至五十分鐘。三個月大時約為五十至六十分鐘，兩歲時約七十五分鐘。大約要到五歲時，才會達到接近成年人的九十分鐘。

在「非快速動眼睡眠」的淺眠時期，不管是嬰幼兒或成年人都一樣，一旦感覺到「危險」或「不舒服」，就會立即清醒。

★嬰幼兒為什麼要在半夜醒來？

什麼事情會讓嬰幼兒感到「危險」或「不舒服」？太熱、太冷、尿布髒了，或是肚子餓，都會讓他們感到不舒服。

而且嬰兒時期是沒有人保護就活不下去的時期，因此如果保護自己的人（例如父母親）沒有睡在身旁，對嬰幼兒來說就是一件相當危險的事。

漫畫中直子媽媽的兒子小旬，正是因為受到「危險」感知能力的影響，才會出現每隔一、兩小時就夜啼的現象。

由此可知這種「半夜醒來」的現象，其實是人體自我保護的機制。嬰幼兒在半夜裡經常清醒，並不是生病，而是睡眠機制造成的結果，也就是是自然現象。

只要身體的發育及日常生活沒有任何異狀，當孩子逐漸長大，睡眠的能力提升，這種現象自然會消失。

話雖如此，但有些媽媽應該會無法忍

受「不知道孩子半夜何時會清醒」吧？如果是這樣的媽媽，建議可以像漫畫中的直子媽媽一樣，試著改變哄睡孩子的方法。

★別被「夢中泣語」欺騙！

關於嬰幼兒的睡眠特徵，身為父母親還應該知道一件事，那就是嬰幼兒的「夢中泣語」。

前文在介紹成年人的睡眠機制時，曾經提過「快速動眼睡眠」時期是一種正在做夢的時期。若仔細觀察嬰兒的睡眠，會發現他們有時明明看起來不像是醒了，卻會發出叫聲、哭泣聲，或是甩動四肢。

像這種時候，就表示嬰兒正在做夢。我將這個現象稱作「夢中泣語」。

不稱為「囈語」而稱為「泣語」，是因為嬰幼兒在睡夢中不可能像成年人一樣說話。

因為不會說話，所以當嬰兒在做夢時，基本上只會發出哭聲。

會做夢的「快速動眼睡眠」時期，嬰兒在晚上睡覺時大約每個一小時會進入一次。換句話說，每隔一個小時，嬰兒就有可能在睡夢中哭泣一次。

在我生孩子之前，從來沒有和嬰兒一起睡覺的經驗，因此我有一陣子被女兒的「夢中泣語」耍得團團轉。

當時我一直以為嬰兒在半夜應該會睡得很香甜，如果突然哭泣，就表示「有所要求」。

所以每當女兒在半夜啼哭，我總是會趕緊「檢查尿布」和「餵奶」，但這樣的行為，反而妨礙了女兒的睡眠。

像我這樣在生孩子之前從沒有和嬰兒一起睡過的媽媽，應該很多。

我要提醒這樣的媽媽，「嬰兒在睡覺時可能會發出哭聲或甩動身體」。

在這種時候，嬰兒會希望媽媽做什麼？

在身上輕拍？還是抱起來哄？

請媽媽們想一想，當你晚上睡覺翻身或說夢話的時候，你會希望睡在旁邊的老公做什麼？答案應該是「什麼也別做」，對吧？

同樣的道理，**嬰兒也會希望媽媽「什麼也別做」。**

嬰兒每次在夢中哭泣，並不見得都是想要喝奶或換尿布。

因此當孩子開始啼哭時，請先「暫時觀察兩、三分鐘，什麼也別做」。

如此一來，你會發現每數次中會有一次，孩子自己再度睡著。

像這樣「自行回歸睡眠」的經驗，有助於提升嬰兒的睡眠能力。

★要怎麼分辨「夢中泣語」和「真正的哭泣」？

經常有媽媽問我，孩子在睡夢中哭泣，和真正有所要求的哭泣，要怎麼辨別？

大部分爸爸、媽媽都會抱著「如果孩

子真的需要自己做什麼，自己應該立刻行動而不要繼續觀望」的想法。

但要從外觀或聲音來分辨是夢中泣語還是真正的哭泣，其實相當困難。或者應該說，單憑哭泣的方式根本無法分辨。

這個答案或許會讓許多爸爸、媽媽感到相當沮喪，但孩子半夜哭泣的應對方法其實非常單純。

當孩子在滿週歲之後，睡眠狀況就會逐漸由「半夜醒來好幾次」轉變為「能夠一覺到天亮」。

爸爸、媽媽真正該做的事，是協助孩子提升睡眠能力，而不要加以妨礙。

那麼，要怎麼做才能讓孩子越睡越長，不要中途醒來呢？

那就是當孩子哭泣時，不管是夢中泣語還是真正的哭泣，都要「暫時置之不理」。

換句話說，根本沒有必要分辨孩子的哭泣狀況是哪一種。

不管是哪一種哭泣，總之先等個兩、三分鐘，什麼也別做就對了。

這種時候讓孩子等待，絕對不是一件殘酷的事，因為這樣才能讓孩子學會「半夜是睡覺的時間」。

第 3 章

千秋媽媽的煩惱

兄妹一起睡

下一位媽媽！
來了！我叫千秋。
這孩子叫小楓，三個月大。
現在睡著了……
她有個三歲的哥哥，就讀幼兒園小班。
糟糕！
幼兒園的娃娃車快來了！
嘶～
嘶～
小楓對不起，在你睡覺的時候……
康太！該睡覺了！
快把玩具收拾好！
咦？我不要！
我還想繼續玩！
哇啊啊～
啊！小楓要喝奶了嗎？
我的煩惱是平常總是不知不覺以哥哥的生活作息為優先，讓小楓的睡覺時間變得越來越晚。

還有，要把他們兩人哄睡也很困難……
妹妹睡著了，哥哥會把她吵醒。
小楓，哥哥唱歌給你聽！
拍拍
咚～
咚～
噠噠噠噠噠
嗚嗚～
哥哥睡著了，妹妹會把他吵醒……
哇啊啊～
啊！
坐起
好吵！
而且哥哥正處於第一反叛期*1和、退化行為*2，
哇啊啊～
哇啊啊～
你等一下啦！
快進棉被裡！
媽媽過來這裡啦！
你都只抱小楓，不公平！
我不睡！才不要！
翻滾
翻滾
每次他們兩人同時哭鬧，簡直就像是一場噩夢……

＊1：二歲半至三歲左右，自我意識萌發。

＊2：指孩子原本已經學會、能自己完成的事情，突然間卻變得不會，也不肯做的行為。

唔……
哥哥每天上幼兒園，應該也有一些壓力吧！
哥哥原本也很開心多了個妹妹……
小楓！笑一個！笑一個！
做鬼臉～
吐舌頭～
哇啊～
哇啊～
哇啊～
但我自己因為不習慣照顧兩個孩子，有時會忍不住責罵哥哥。
小楓在哭是因為她想睡覺了！
安靜點！
嗚～
嗚～
哇啊啊啊啊～
噗嘶～
糟糕！鍋子裡的東西都灑出來了！
焦躁
焦躁
真是的～
……嗚嗚……
或是感覺沒有辦法好好專心照顧小楓，因而覺得很自責。

我老公雖然很想幫忙，
媽媽，睡前說故事給我聽！
你等一下啦！
喂～
來，爸爸說給你聽！
把書拿來吧！
快一點嘛～
但我老公在照顧孩子這方面實在很笨拙……
哇啊啊～
才說了五分鐘……
我要媽媽說啦！
爸爸一下就睡著了……
呼～
呼～
原本只有一個孩子的時候，幾乎都是我在照顧，所以老公根本不知道怎麼幫忙。
哇！
老公，幫我拿小楓的替換衣服。
慌張
慌張
咦？替換衣服在哪裡？
在浴室的抽屜裡。
是這些嗎？
嘔！
那是康太的啦！算了，我自己拿！
我也因為懶得教他，到頭來照顧小孩和家事都是我一手包辦。
但我最近實在是忙不過來……

千秋媽媽的家裡平常都是幾點睡覺？
哥哥既然已經上幼兒園，白天應該沒有睡覺了吧？
是啊！
妹妹大概八點，哥哥邊玩邊等我哄妹妹睡，所以大概是九點。
像千秋媽媽家這樣有另一個大孩子的情況……
最好的改善方案是讓兄妹在同一個時間睡覺！
8:00
9:00

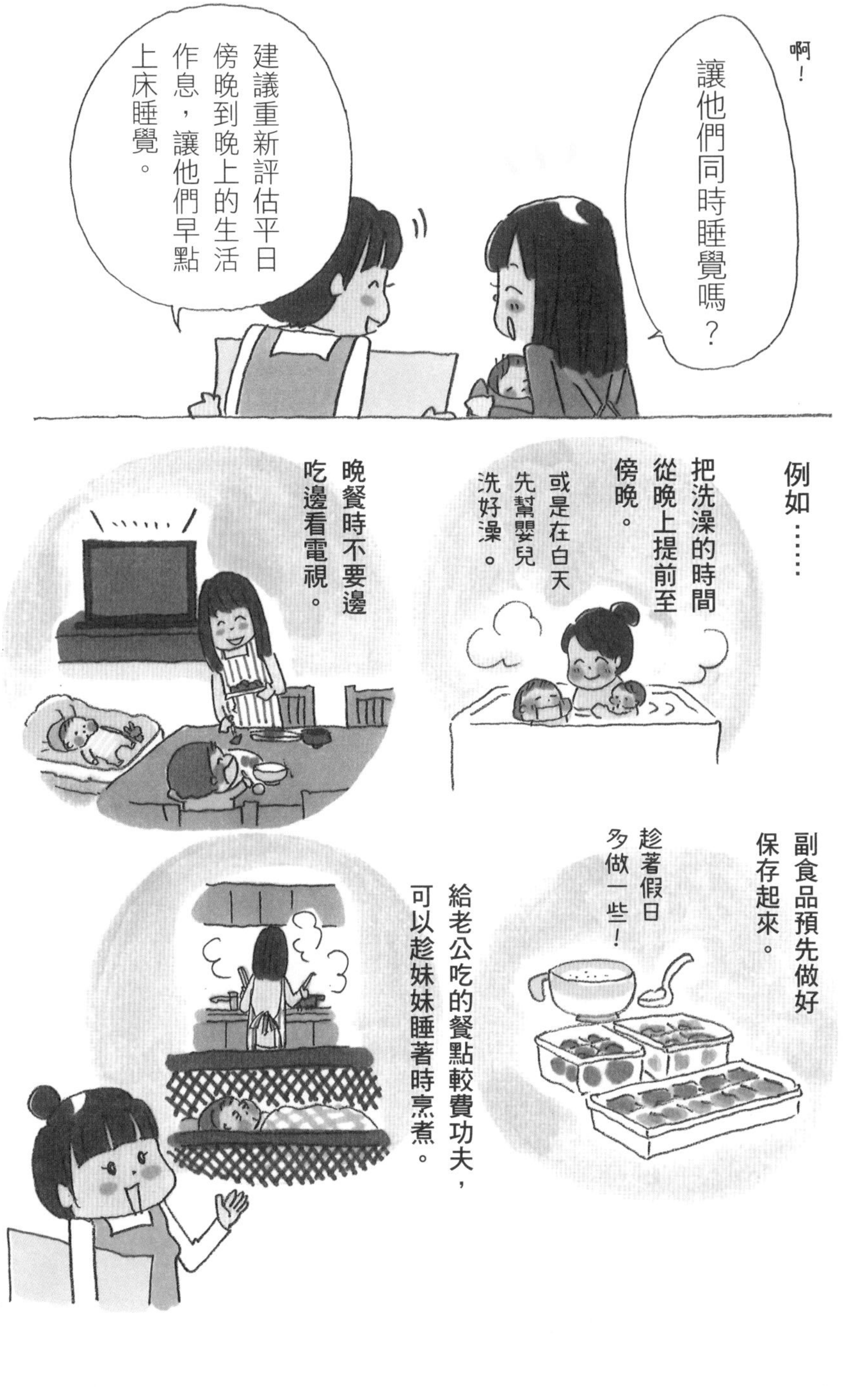
啊！
讓他們同時睡覺嗎？
建議重新評估平日傍晚到晚上的生活作息，讓他們早點上床睡覺。
例如……
把洗澡的時間從晚上提前至傍晚。
或是在白天先幫嬰兒洗好澡。
晚餐時不要邊吃邊看電視。
副食品預先做好保存起來。
趁著假日多做一些！
給老公吃的餐點較費功夫，可以趁妹妹睡著時烹煮。

如果孩子有兄弟姊妹，還有一點特別建議，
那就是之前提到的「在睡覺前安排三十分鐘的親子時間」！
例如可以一邊給妹妹餵奶，一邊讓哥哥坐在自己的身邊。
聊一些哥哥小時候或是出生前的事……
康太出生的時候呀！
真的嗎？
後來幼兒園的……
而且哥哥已經會說話了，媽媽可以專心聆聽哥哥說這一天發生的事，或是念故事書給哥哥聽。

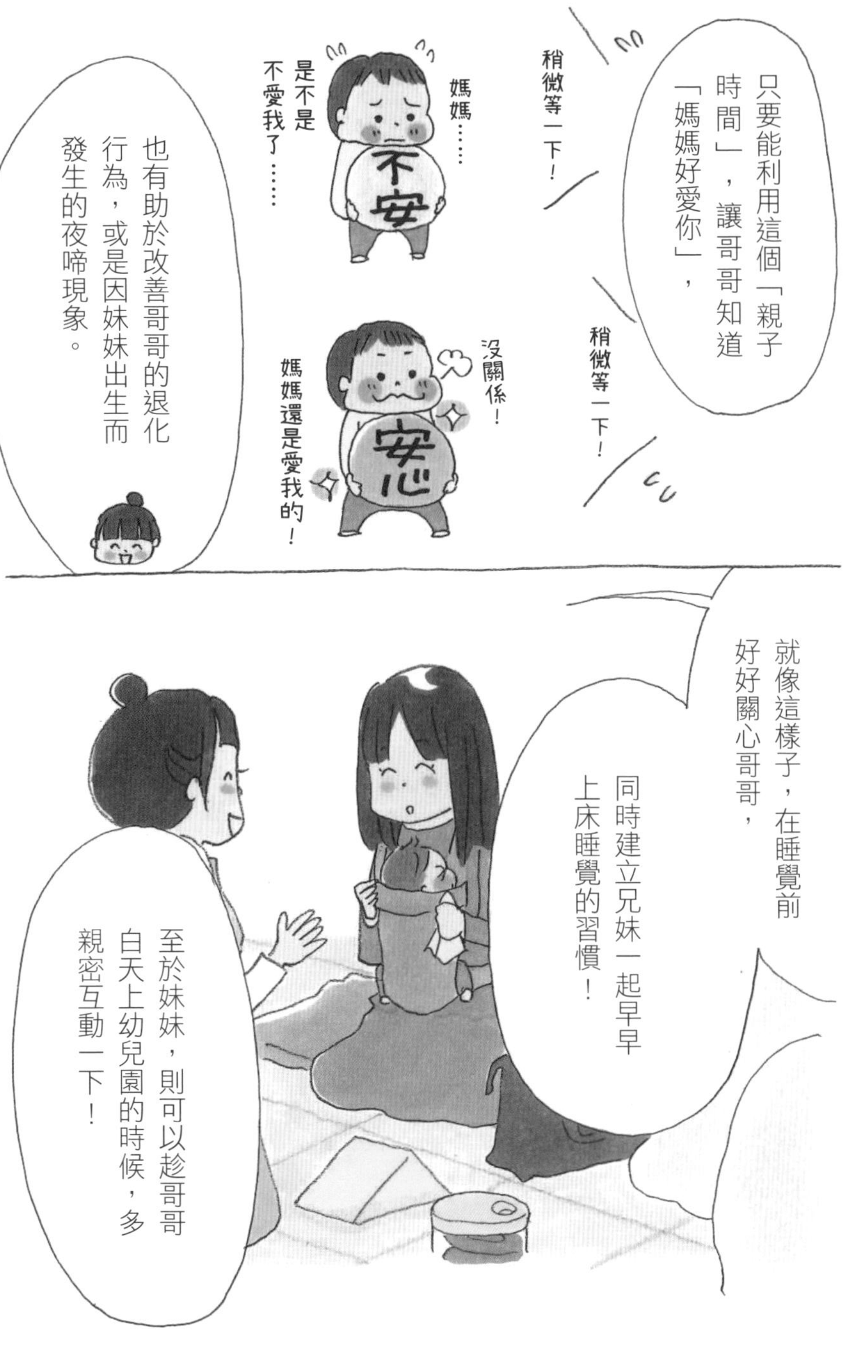
只要能利用這個「親子時間」，讓哥哥知道「媽媽好愛你」，
稍微等一下！
稍微等一下！
媽媽……
是不是不愛我了……
不安
沒關係！
媽媽還是愛我的！
安心
也有助於改善哥哥的退化行為，或是因妹妹出生而發生的夜啼現象。
就像這樣子，在睡覺前好好關心哥哥，
同時建立兄妹一起早早上床睡覺的習慣！
至於妹妹，則可以趁哥哥白天上幼兒園的時候，多親密互動一下！

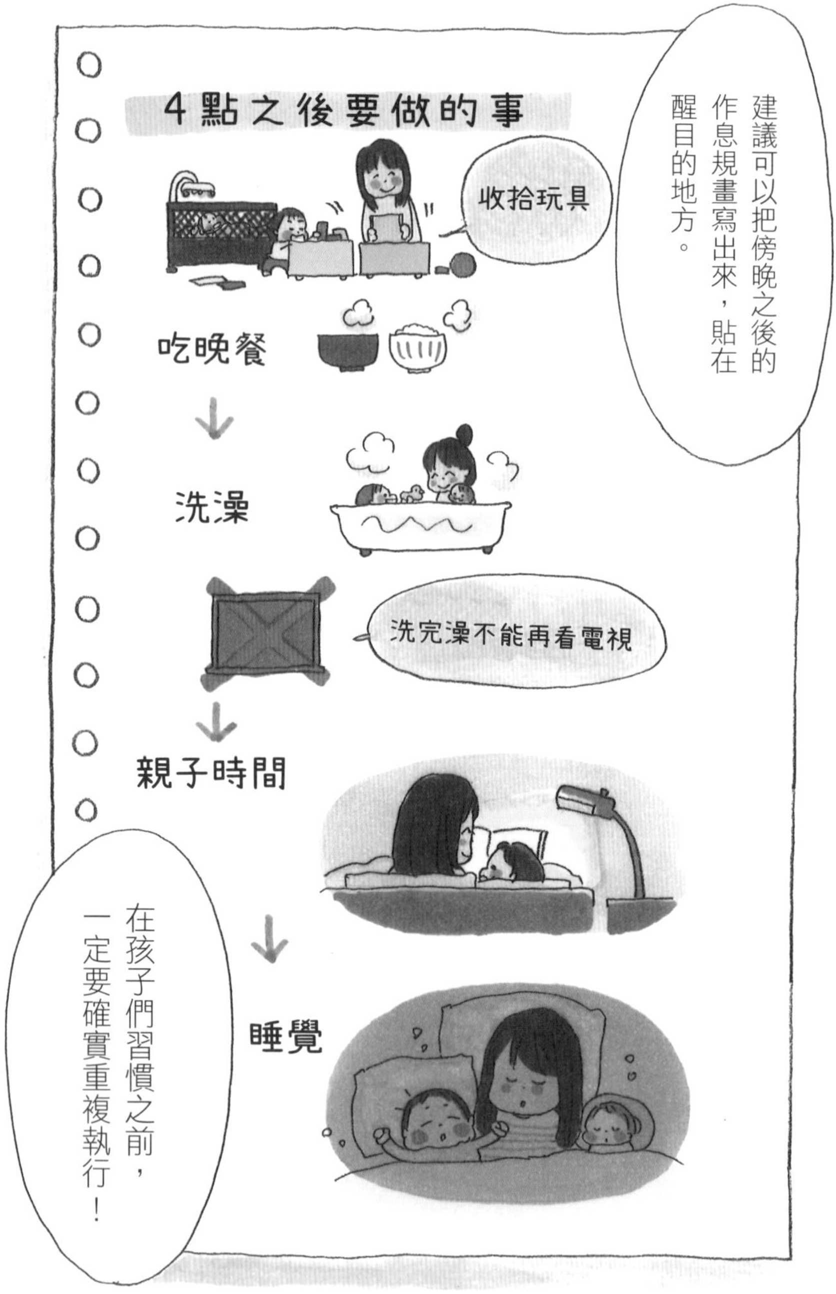
建議可以把傍晚之後的作息規畫寫出來，貼在醒目的地方。
4點之後要做的事
收拾玩具
吃晚餐
洗澡
洗完澡不能再看電視
親子時間
睡覺
在孩子們習慣之前，一定要確實重複執行！

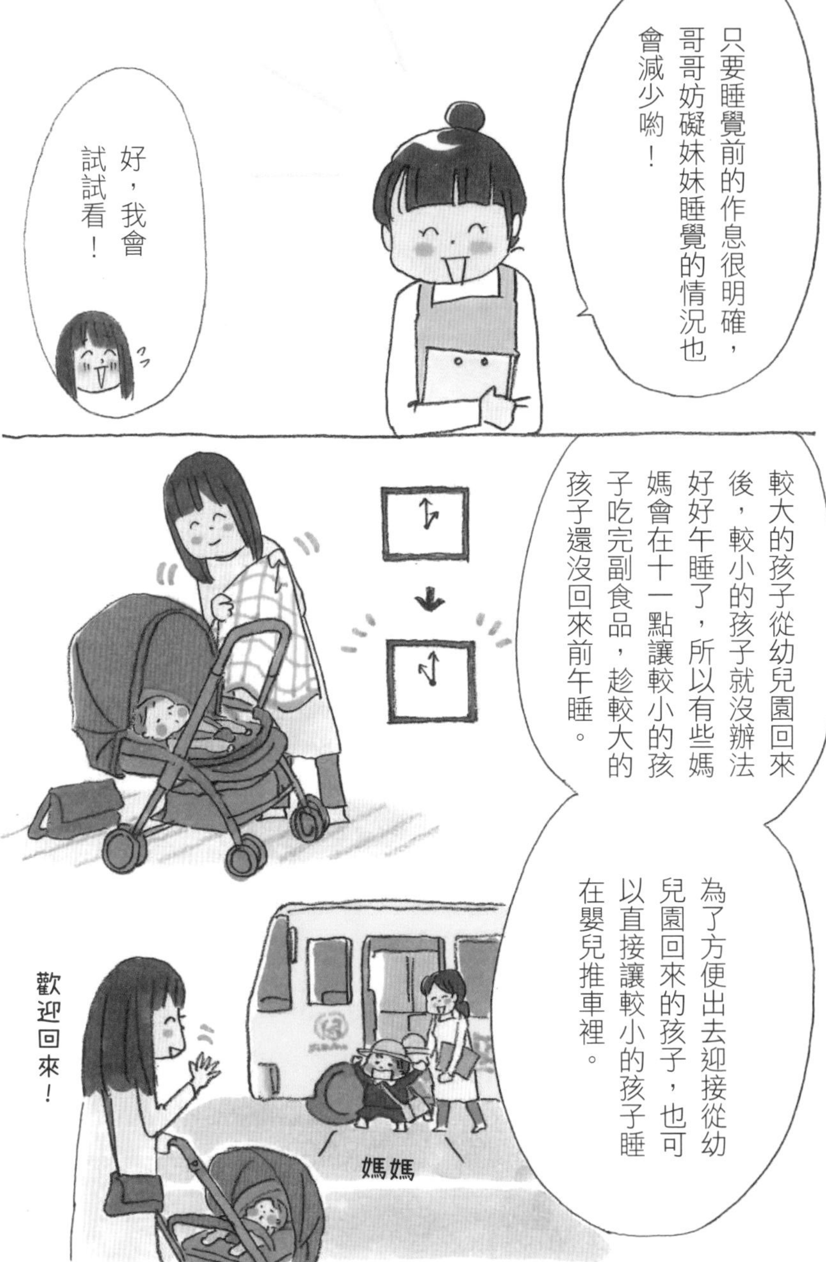
只要睡覺前的作息很明確，哥哥妨礙妹妹睡覺的情況也會減少喲！
好，我會試試看！
較大的孩子從幼兒園回來後，較小的孩子就沒辦法好好午睡了，所以有些媽媽會在十一點讓較小的孩子吃完副食品，趁較大的孩子還沒回來前午睡。
為了方便出去迎接從幼兒園回來的孩子，也可以直接讓較小的孩子睡在嬰兒推車裡。
歡迎回來！
媽媽

根據我的經驗，有很多弟弟妹妹因為哥哥姊姊太吵的關係，自然而然練就了任何情況都能睡覺的本領。
哇哇
哇哇
哇哇
哇哇
但即使是這樣，還是要注意安全喲！
想一想好像確實是這樣！
親朋好友的小孩，好像大多是弟弟妹妹比較能忍耐……
只要哥哥擁有固定的生活作息，妹妹就比較有辦法自己找到睡覺的時機，媽媽照顧起來也比較不用擔心。

專欄 近年來嬰幼兒的睡眠狀況

★每個地方的孩子都不同？

嬰幼兒應該在晚上幾點睡覺？

在日本，就算有嬰幼兒是過了晚上九點才睡覺，恐怕大多數的人聽了應該也不會太驚訝。

美國國家睡眠基金會（National Sleep Foundation）曾根據一些以健康人士為對象的研究調查結果，將各年齡層每天的適當睡眠時間彙整成表格（見下頁）。表中所列的參考時間，由於嬰幼兒白天也會睡覺，因此較不易從表中看出嬰幼兒白天、晚上各睡了多久。**但以白天不睡覺的小學生來看，夜晚的睡覺時間也有九至十一小時。**

人類的睡眠行為在發展過程中，白天睡覺的時間會逐漸縮短，最後僅剩下夜晚的睡眠。換句話說，嬰幼兒晚上睡九至十一小時是必要的。

以睡十小時為前提，要讓嬰幼兒在早上六點起床，就要在晚上八點睡覺；要在

新生兒（0～3個月）	14～17小時
嬰兒（4～11個月）	12～15小時
幼兒（1～2歲）	11～14小時
學齡前兒童（3～5歲）	10～13小時
小學生（6～13歲）	9～11小時
國中及高中生（14～17歲）	8～10小時
青年期（18～25歲）	7～9小時
成人（26～64歲）	7～9小時
老年人（65歲以上）	7～8小時

資料來源：https://sleepfoundation.org/how-sleep-works/how-much-sleep-do-we-really-need

七點起床，就要在晚上九點睡覺。

近年來，越來越多人都已知道早睡早起對嬰幼兒有多麼重要。但還是有很多人讓孩子過了晚上十點才睡覺。

日本倍樂生公司（Benesse Corporation）二〇一五年的兒童生活調查中，一歲半至六歲的幼兒在晚上十點之後才睡覺的比例高達二十四％（約四人中就有一人）。

年紀越小的孩子，生活作息受大人影響的傾向越明顯，因此我們可以推測嬰幼兒受大人影響而晚睡的比例一定更高。

嬰幼兒時期生活作息不正常，往往會引起很多問題，例如「晚上不睡覺」、「白天情緒焦躁」和「容易生病」等。

如果你發現自己的孩子問題多多，請務必嘗試調整生活作息，養成孩子早睡早起的習慣！

專欄 孩子的生活作息掌握在爸爸手上？

★爸爸的參與非常重要！

許多爸爸聽到「調整孩子生活作息很重要」，都會以為那是主要負責照顧孩子的媽媽的責任。

在由我所主導的嬰幼兒睡眠研究所裡，我常會舉辦「給爸爸媽媽的睡眠訓練講座」。有時我會詢問這些爸爸「為什麼來參加」，得到的回答往往是「被老婆拉來的」。**但事實上，即使是媽媽專心照顧孩子的家庭，「生活作息」通常還是以爸爸為中心！**

我家的情況是先生每天早上五點出門後要到晚上十二點左右才回來。因此我不必遷就先生的生活作息，能夠完全依照自己和女兒的需求來考量。當時我每天早上都是大約十點才起床。雖然那樣的日子很輕鬆，但也因為晚上總是超過十點才睡覺，導致女兒出現非常嚴重的夜啼現象，成為我心中最大的煩惱。

因此，我認為爸爸每天都維持規律作

生活作息的主導權在爸爸手中！

◯ OK 行為

①早上出門前叫醒媽媽和孩子。
②早上陪孩子玩、帶孩子散步。
③假日頂多只能多睡兩小時。
④假日讓媽媽有時間出門散心。

✕ NG 行為

①晚上將睡著的孩子吵醒。
②晚上八點以後才幫孩子洗澡。
③在臥房附近大聲看電視且大笑。
④睡覺前與孩子玩激烈的遊戲。
⑤一邊哄睡，一邊看手機。

息在適當時間出門上班的家庭，孩子要調整生活作息會比容易。

★爸爸也能幫忙改善孩子的夜啼問題

為了幫孩子建立正確的生理時鐘，預防或改善夜啼的問題，我將爸爸的「OK行為」和「NG行為」整理如上表。

如果是每天會在早上六點至八點出門上班的爸爸，請務必執行OK行為中的①「早上出門前叫醒媽媽和孩子」。

當然並不是使用蠻力，而是拉開窗簾或打開電燈，利用「光線的力量」讓媽媽和孩子知道已經早上了。每天早上確實清醒且浴沐晨光，有助於讓孩子的身體獲得調整生理時鐘的能力。

此外，孩子的身體會在起床的十四至十六小時後產生刺激睡意的「褪黑激素」，因此爸爸每天早上把孩子喚醒，也有助於讓孩子在晚上順利入眠。

如果爸爸平日回家時間很晚，沒有時間和孩子相處，請試著每天早一點起床陪

孩子玩。建立每天早上確實清醒的習慣，在預防和改善夜啼問題上很關鍵。

如果爸爸能在早上陪孩子玩，媽媽也能趁這個時間梳洗、做早餐，甚至睡眠不足的話還可以補眠，可說是好處多多。

爸爸在假日時的起床時間「是否比平日晚兩個小時以內」，是爸爸平日睡眠時間是否充足的重要指標。如果爸爸每次放假都必須睡到接近中午才起床，表示爸爸在上班日子的睡眠時間不夠。

根據研究顯示，如果爸爸在假日需要增加的睡眠時間超過兩小時，罹患憂鬱症和自殺的風險都會上升。

對於必須照顧家庭的爸爸來說，照顧好自己的身體也是身為爸爸的重要責任。只要是有上述風險的爸爸，就應該盡量養成平日早點睡覺的習慣，就算只是早半小時也好。

在我因女兒的夜啼問題而每天煩惱度日的時期，我還能勉強撐下來而沒有累垮，**主要是因為丈夫做到了OK行為中的第④點。**

當時我先生每個星期只有星期日才放假。一到星期日，他就會給我一些暫時不用照顧女兒的獨處時間。

如今我依然記得很清楚。當憂鬱不已的我第一次嘗到出門不必帶孩子的感覺時，我的內心充滿了感動和感謝。我發現身體變得好輕盈，甚至驚訝於原來自己的走路速度可以這麼快。我實在不敢想像，如果當時的我沒有獲得這個喘息時間，後來會有什麼樣的下場。

至於爸爸的NG行為，則都是一些可能會降低孩子睡眠品質的行為。

似乎有很多家庭是由爸爸負責幫孩子洗澡。如果爸爸回家的時間很早，當然沒有什麼問題，但如果爸爸每天都超過八點才回家，則可能會拖延孩子的睡覺時間。

如果是剛生產後不久的時期，媽媽沒辦法獨自幫孩子洗澡，**可以在晚上先以紗布擦去孩子身上的汗水和汙垢，等到早上再幫孩子洗澡。**

★同時檢視爸爸、媽媽的生活是否適當！

孩子的出生勢必會為夫妻的生活帶來巨大的變化。然而有很多夫妻明知道應該要改變生活作息，卻還是因習慣而一直維持著沒有生孩子前的生活作息。

媽媽晚上常常會被孩子吵醒，導致睡眠中斷，因此在生活作息的安排上，如果媽媽可以安睡的時間少於生產前，媽媽通常會睡眠不足、體力無法負荷。因此爸爸一定要理解這一點，**在孩子出生的一年之內全力配合，讓媽媽能夠全心全意的照顧孩子。**

成年人的建議睡眠時間為七至九小時。孩子的誕生，也是爸爸、媽媽檢視自身健康的重要契機。如果爸爸、媽媽沒有辦法保持身心健康、有活力，孩子當然也沒辦法快快樂樂的長大。請找個時間好好評估全家人的睡眠時間吧！

第 4 章

里沙媽媽的煩惱

夜奶

接下來換我了……我叫里沙，她是我女兒琴葉。
一歲半。
琴葉媽媽的煩惱是什麼呢？
我和先生平日都在家裡，一邊工作，一邊照顧孩子。
但是孩子喝奶的次數一直沒有辦法減少……
一歲半……
有讓她吃副食品嗎？
有，一天吃三次……
以營養來說，應該是可以斷奶了才對……

白天她時常明明肚子不餓，卻吵著要喝奶……
嗚嗚～
嗚嗚～
媽媽～
喝ㄋㄟㄋㄟ～
怎麼了？琴葉～
咦？剛剛不是才喝過嗎？
啊！有電話！
就算先生幫忙哄，也沒有什麼效果……
媽媽～
ㄋㄟㄋㄟ～
媽媽～
媽媽等等就來了！
先陪爸爸玩吧！
真是不好意思，我等等再打過去！
喝了奶之後，她就會安靜了……所以就算只過了一、兩小時，只要她吵著要喝，我還是會餵她……
幫我打給○○先生～
OK～
吸～吸～
晚上的情況也是一樣……

每天半夜她都會吵著要喝奶兩、三次，
媽媽～喝ㄋㄟㄋㄟ～
嗚嗚
嗚嗚
所以白天我總是睡眠不足。
好想睡……
搖晃
啊！
啪！
還沒有存檔就關掉了……
啊啊啊……
一整個早上的心血結晶……
犯錯的機率也變高了……
嗯……
其實很多媽媽都有這樣的餵奶煩惱呢！
尤其是像琴葉這樣，已經不小了卻還要頻繁餵奶的情況，媽媽真的很辛苦。

「頻繁餵奶」的定義，是差不多每隔一、兩個小時就要餵一次奶。
各位媽媽在產後住院期間，是不是常聽護理師說「要盡量讓孩子吸奶」？
沒錯！
因為聽說要讓孩子多吸，才容易有奶水呀！
他們說只要孩子一哭，就讓孩子吸奶，我一直遵守這個原則。
嗯！
嗯！
其實在出院一個月左右，只要奶水的量沒有問題，就不必那麼頻繁讓孩子吸奶了。
咦？真的嗎？
我完全不知道！
大多數媽媽在出院後，都沒有什麼機會再接受母乳哺餵教育……
所以有很多媽媽不知道這一點。

如果一直持續「一哭就餵奶」的習慣。
ㄋㄟㄋㄟ來了~
哇啊~
可能孩子到了四、五個月大，還維持「頻繁餵奶」……
以琴葉的情況來說，她很可能是從小就認為「喝奶的時間就是媽媽願意陪我的時間」。
「ㄋㄟㄋㄟ」=「媽媽來陪我」
媽媽~
ㄋㄟ!
ㄋㄟ!
來了~來了~
確實有這種跡象……
啊!

但孩子還不會說話的時候，很難清楚知道孩子要什麼，就只能餵奶了……
是不是沒喝飽？
真的～
孩子還很小的時候，確實有這種問題。
但為了在白天和孩子更有互動，我認為媽媽們應該學會判斷孩子所提出的「陪伴要求」。
・唱歌
・玩遊戲
・閱讀
・散步
所以，
以下將介紹一套白天餵奶時的推薦步驟！

孩子哭了。
←
解開尿布。
←
讓孩子仰躺，快樂的按摩胸部和腹部。
←
讓孩子趴著，快樂的按摩背部和屁股。
←
穿上尿布
←
抱起來哄一哄，或是拿出孩子喜歡的玩具給孩子。
←
如果還是繼續哭才餵奶。

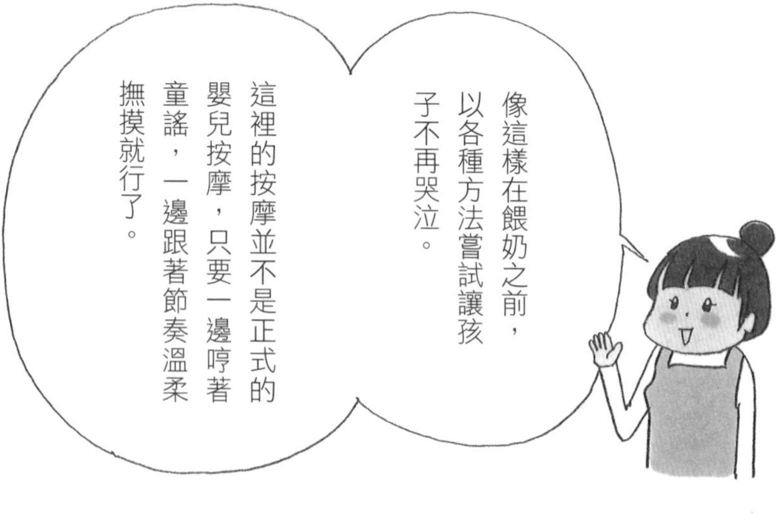
像這樣在餵奶之前，以各種方法嘗試讓孩子不再哭泣。
這裡的按摩並不是正式的嬰兒按摩，只要一邊哼著童謠，一邊跟著節奏溫柔撫摸就行了。

很多時候還不到餵奶的步驟，孩子就停止哭泣了喔！
從孩子兩個月大之後，就可以開始試著這麼做。
藉由和孩子互動，媽媽可以慢慢理解孩子哭泣的真正理由，孩子也可以練習不靠喝奶讓心情恢復平靜。
尤其是像琴葉這樣比較大的孩子……
7:00左右讓孩子起床，使孩子沐浴在陽光下。
梳洗、換衣服、吃早餐。
更是應該注重於調整生活作息和增加白天的活動量！
早上帶孩子出門散步。

明白了！
白天……
以里沙媽媽的情況來說，上午可以由媽媽帶著琴葉出去散步，多增加相處的時間。
到了空曠的地方，可以玩一些運動量大的遊戲。
例如：玩球
球過去了～
這麼做可以將琴葉的注意力由喝奶轉移到遊玩上。
或是由大人協助在公園、公寓和購物中心的樓梯上下爬。
＊家長應留意幼兒安全！

下午睡醒之後，就換爸爸陪琴葉玩。
中途琴葉如果吵著要喝奶……
可以吸引琴葉玩其他遊戲，或是穿插點心時間。
琴葉快來爬爸爸山！
山上有小兔子在等你呢！
琴葉，快來吃點心喲！
媽媽~
我相信只要這麼做，應該能大幅減少白天餵奶的次數。
餵奶對孩子來説是很重要的「安全基地」（Secure Base），所以不見得要完全戒掉。
但要確認孩子是否能夠獲得符合年齡的運動量和經驗喲！

好，我會試試看……
對了，晚上的餵奶是不是戒掉比較好（夜間斷奶）？
如果白天已經吃了三次副食品，晚上的餵奶間隔卻沒有拉長，或是晚上只餵一、兩次奶也會讓媽媽覺得很累，
好累
好想睡
好痛苦
確實可以考慮將晚上的餵奶完全戒掉。
不過，我建議以這種方法將媽媽的決定確實告知孩子。

「讓孩子確實理解」的夜間斷奶步驟

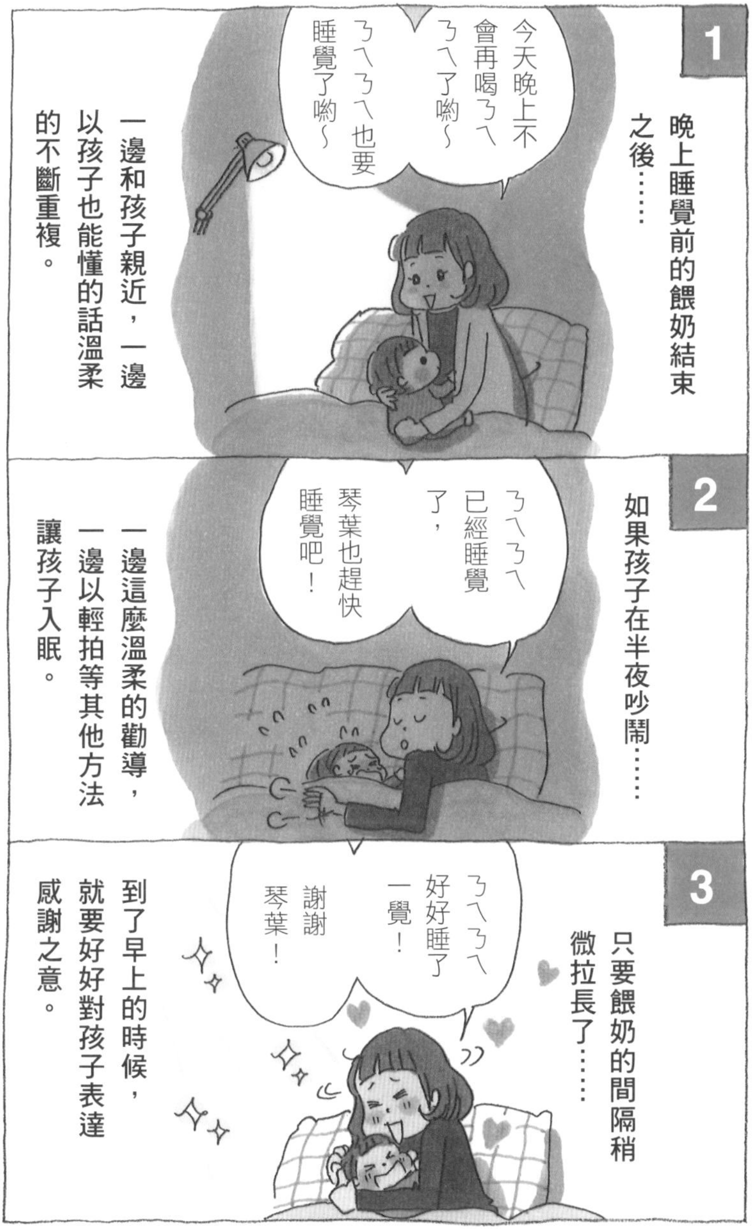

每個孩子的性格都不同，有些孩子能進行得很順利，有些孩子則會無法接受。
如果試了一星期還是沒有改善的跡象，那就和改變哄睡方法時一樣，可先恢復原狀，等一個月後再挑戰一次。
如果想要盡量延長餵母乳的時期，或是媽媽的體質容易罹患乳腺炎，也可以考慮維持夜間餵奶或擠奶。
最好根據孩子的夜啼嚴重程度、媽媽的夜晚負擔，以及乳房的健康狀況等，經過通盤考量之後，再決定要怎麼做。

有些原本靠餵奶來哄睡孩子的媽媽，在決定斷奶之後可能會有這樣的補償心態。
既然不能給她喝奶，至少該抱起來哄一哄……
哇啊啊～
這是錯誤的想法，千萬別這麼做！
因為如果不斷重複這樣的舉動，孩子就會記住「只要我一哭，媽媽就會抱我」。
覆蓋儲存……
如此一來，雖然戒掉了晚上的喝奶，卻可能導致哄睡和半夜孩子清醒時，媽媽都必須抱著孩子。
就算要改變哄睡方法，也一定要選擇媽媽做起來輕鬆無負擔的方法。
哇啊～
哇啊～
別擔心～
快睡吧～
咚
咚
咚
咚

除此之外，有很多媽媽會覺得當孩子哭得很傷心時，
抱起來哄
或是餵奶……
如果不使用一些比較累的哄睡方法，好像自己對不起孩子……
其實絕對沒有這種事！
懷孕中的準媽媽也要記住喲！
要讓孩子在睡覺時獲得強大的安心感，重點在於「每天做相同的動作」！
不管是多麼偷懶的做法，只要能順利化為習慣，就是很棒的哄睡方法！

我一方面想要趕快讓孩子戒掉夜間的餵奶，自己才能好好睡覺，一方面卻又有罪惡感，只因為自己想要輕鬆就不給孩子喝奶……
我也是……
嗚~
常有媽媽跟我這麼說呢！
媽媽都會覺得孩子很可憐……
但是，媽媽的胸部並非只為了孩子而存在，不是嗎？
餵奶的過程，最重要的是媽媽和孩子要達到良好的心靈交流。

如果媽媽在夜間餵奶的時候，總是皺著眉頭，沒辦法享受和孩子的相處時光，
唉~~
那倒不如和孩子一起好好睡個飽，增加面帶笑容的時間，對孩子的情緒發育反而比較好。
當然我的意思並不是建議各位媽媽都盡早讓孩子夜間斷奶！
其實我自己也希望能夠延長餵母奶的期間呢！

但我認為最重要的是不要去管別人怎麼想，不要被社會的價值觀牽著鼻子走，
媽媽應該站在自己的立場思考：「自己覺得怎麼做比較好」。
每個孩子的生理與心理需求皆不同，有些孩子在很早就戒掉夜奶，也有些孩子到了三歲還有這習慣，但這並不表示哪一邊是好媽媽、哪一邊是壞媽媽。
我認為媽媽們沒有必要這樣為難自己。

只要是媽媽為了孩子著想，經過深思熟慮後做出了決定，就應該挺起胸膛相信自己的決定。
只有透過這樣的經驗，才能建立起自己對養育孩子的自信。
…………………………………………
感動………

媽媽們得到了關於孩子睡眠問題的建議……
我一定會努力實踐！
謝謝悅子媽媽的開導！
今天的講座完美落幕了。

專欄

孩子的哭聲帶給你什麼感覺？

★給討厭孩子哭聲的媽媽

當孩子哭個不停的時候，你的心情會有什麼變化？「不安」、「感覺孩子在責備自己」、「急著想要安撫孩子的情緒」、「心情煩躁焦慮」……

我相信大部分的媽媽都會抱持這些負面的感受吧！身為媽媽，在孩子哭泣時感到坐立難安是很正常的事。

嬰兒時期是沒有人照顧就活不下去的時期。因此嬰兒為了吸引媽媽的注意，會在哭聲中投入大量的負面情緒。

我希望所有的媽媽都能夠記住，在孩子哭泣時感到強烈不安或厭惡，絕不代表自己是個不愛孩子或母性不夠。

★孩子會在什麼情況下哭泣？

根據研究，嬰兒在兩個月大之前，心中只會有「舒服」和「不舒服」這兩種單純的感受，因此當嬰兒哭泣時，「傾訴不舒服感」是唯一的理由。那麼，什麼時候會讓嬰兒感到不舒服呢？

・尿布溼了
・肚子餓了
・疼痛
・太熱或太冷
・生病

理由大致上有這些。

當嬰兒哭泣的時候，媽媽通常會緊張的走過來，嘴裡說著：「怎麼了？」

在獲得了媽媽的照顧後，嬰兒一般來說就會停止哭泣。如果是最後一項「疾病」，當然得帶到醫院接受檢查。

但有些時候，嬰兒明明沒有生病，卻在獲得了媽媽的照顧後依然哭個不停。

對於這個現象，有位我認識的護理師做出了這樣的解釋：

「嬰兒剛開始哭泣，當然是基於某個理由，但是哭著哭著，嬰兒的情緒越來越亢奮，可能會哭到連自己也忘了為什麼要哭泣。既然連嬰兒自己也不知道，媽媽當然更加摸不著頭緒，所以像這種時候，最好的辦法就是置之不理。」

似乎有很多人認為身為媽媽一定要對自己的孩子瞭若指掌，但這是錯誤的觀念。當我聽到護理師這麼說時，內心也鬆了口氣。

★只要以平常心看待孩子的「哭泣」，照顧孩子的壓力就會大幅減少

有一種情況，會讓嬰兒變得特別容易哭鬧，那就是身心有了明顯成長的時候。

在大人的眼裡，「成長」當然是一件

好事。但是對嬰兒而言，「學會翻身」或「能夠判斷媽媽在不在身邊」這些巨大的變化，同時也會帶來「不安」。

當成長造成的「不安」和「迷惘」太過強烈時，嬰兒會希望媽媽為自己做什麼。我認為嬰兒希望的不會是媽媽設法讓自己盡快停止哭泣，而是當自己盡情哭泣的時候，媽媽能全心接納。

不管孩子是哭還是笑，媽媽都能全心接納的話，我相信這樣的孩子一定是幸福的。

所以當孩子哭個不停的時候，請媽媽不要為此抱持罪惡感。

如果你覺得無法忍受孩子的哭聲，有時可以嘗試戴上耳塞，甚至是走到廁所或其他房間。

而且為了能讓養育孩子更加游刃有餘，我認為媽媽應該抱持著「隨時向身旁的人尋求幫助」的觀念。這裡說的身旁的人，並非單指家人而已。

還有，天氣好的日子，建議帶著孩子到公園散散心。不要老是和孩子在家裡單獨相處，偶爾也該轉換一下心情。

媽媽的笑容，是孩子最好的心靈養分。

★如何和孩子建立信賴關係？

嬰兒一誕生在這個世上，就會開始藉由「哭泣後獲得幫助」的經驗，來建立相信這個世界是美好的「基本信賴感」，並且對守護自己的人培養出「依戀感情」。

基本信賴感和依戀感情都是精神結構的基礎，但這並不表示一定要百分之百實現嬰兒的心願，這些基礎才能打得紮實。只要抱著「想要理解我的孩子」的真摯心情付出關懷，就算有時無法答應孩子的要求，也沒有關係。

只要在平日當孩子哭泣的時候，媽媽能夠在做得到的範圍內給予協助就行了。

如此一來，孩子就能產生基本信賴感，以及對媽媽的依戀感情。

就算媽媽在孩子哭了好一會之後才來到孩子身邊，也只要這麼說：「媽媽剛剛在忙別的事情，怎麼了嗎？」

如果媽媽把孩子的啼哭想得太嚴重，照顧小孩就會變成一件既累又苦的事。

哭就和笑一樣，只是單純的感情表達方式。不要擅自為哭泣做出好壞的定義，應該為孩子能夠率真的表露感情而開心。只要能這麼想，照顧孩子就會輕鬆得多。

一個月後
草坪廣場
育兒支援中心
圖書館
未滿周歲
太陽廣場
今天也要盡情玩耍喲！
哇啊！
滾滾滾…
啊！
怎麼會有一顆球？
抱歉！
啊！
小雪媽媽！
哇
啊！
直子媽媽！
千秋媽媽和里沙媽媽也都來了呢！
真的嗎？我昨天才在草坪廣場遇到里沙媽媽呢！
哈哈哈！
小雪媽媽！
哇！小連爬的速度變快了呢！
我們最近上午好常遇到呢！
上午是散步時間呀！
咦？
悦子媽媽！

哇！幾位媽媽都在這裡，好久不見！
我今天又要在這裡舉辦嬰幼兒安眠講座了！
各位媽媽的問題都順利解決了嗎？
啊！我先說！
從那天之後，我就以「早上七點起床，晚上八點睡覺」為目標！
抱歉！突然把你抱起來，讓你嚇一跳了！
剛開始的一個星期左右，我自己沒辦法適應這種生活作息，有些手忙腳亂……
不願起床而哭鬧
一不小心就睡到八點多了！
小連，天亮嘍！
唰！
但我每天早上一定讓孩子照射陽光。
像今天這樣早上帶著他出來散步，讓他盡情玩耍的日子，到了晚上他就會睡得很熟……
昨天晚上小連只醒來兩次……
呼～
呼～
感覺身體比以前輕盈多了！
而且半夜醒來的次數也逐漸減少了！

還有，我把上次講座的內容告訴老公，還分配好了各自的職責！
平日由我幫小連洗澡，假日讓你來！
還有，進臥房之後，禁止把臉貼在小連身上磨蹭！
嗚嗚～
那可是我補充能量的方式！
用眼睛看也能補充，別打擾小連睡覺！
這麼說也對，我們的小連可是天使！
除了孩子的事情之外，夫妻之間的話題也變多了……
或許是因為我能睡得比較飽的關係，現在我也很少對老公亂發脾氣了！
哈哈哈！
我則是挑戰了將哄睡的方法改成給玩偶和輕拍。
剛開始的五天左右，狀況真的非常慘烈……
哇啊啊啊
啊
呢喃
別擔心～
別擔心～
呢喃
別擔心～
別擔心～
呢喃
啊
啊
啊
哇啊
每當我快被小旬的哭聲打敗的時候，我就會以悅子媽媽說的那句話來鼓勵自己……

還有，我原本滿腦子只想著要怎麼做才能讓小旬趕快入眠……
緊張
緊張
焦慮
焦慮
但悅子媽媽說的那句「要和孩子一起建立安心入睡的方法」，
我現在正在和小旬一起努力！
讓我在挑戰的過程中，態度變得更加正面、積極了。
過了五天之後，小旬的哭聲變得越來越輕，而且時間越來越短……
經過兩星期之後，我只要輕拍就能讓小旬入眠……
!!
咚
嘶
咚
咚
那時我忍不住在心裡大聲歡呼呢！
現在小旬雖然偶爾還是會在半夜啼哭，但我不必再將他抱起來搖晃，我自己也不太敢相信我們做到了。
這次的經驗讓我變得很有自信，我相信我和小旬能夠一起克服任何難關！

自從我決定在睡前的親子時間多陪伴哥哥之後……
哥哥的「退化行為」逐漸有了改善。
雖然他現在還是處於反抗期的階段……
而且我也試著將哥哥和妹妹一起哄睡……
你來和小楓比賽，看誰脫得快！
好！我一定……
不會輸的！
因為每天太忙的關係，睡覺時往往已經九點了……
但經過好一陣子的堅持之後，現在也逐漸習慣這樣的睡覺模式了。
或許是哥哥的睡覺呼吸聲讓小楓感到安心，最近小楓經常能夠一覺到天亮呢！
剛開始的時候，我看他們兩兄妹睡著了，會想偷偷起來做家事，但每次都把哥哥吵醒……所以我最近乾脆跟著他們一起睡！
咦？那家事呢？
晚上早點睡，就可以早點起來做呀！

早上家事做完了，還可以做自己想做的事。這麼一來，我也能擁有自己的時間，真的很開心！
事先和你先生商量過了？
上次悦子媽媽提醒我「對男人一定要講清楚、説明白」，所以我把自己的難處具體地對老公説了。
結果……
老婆，妳乾脆和孩子們一起睡吧！
只要幫我把晚餐放在桌上就行了……
咦？
老公這麼建議我。
當然剛開始的時候，每天早上我一起床，客廳總是一片慘狀……
亂七八糟～
但我漸漸學會了把「希望老公怎麼做」明確説出來。
至少餐具要放在水槽裡！
雖然對老公的教育可能還有很長一段路要走……
可能比照顧小孩還困難！
哈哈哈～
我的情況，則是嘗試在早上帶著琴葉到能夠自由玩耍的地方……

開始這麼做之後，她不僅白天哭著討奶喝的情況減少了許多……
運動的力量真是太偉大了……
呼~
呼~
而且半夜也不太會清醒了。
剛開始，我們想用餵奶以外的事情轉移注意力，但一直不成功，她老是哭個不停……
ㄋㄟㄋㄟ！
ㄋㄟㄋㄟ！
ㄋㄟㄋㄟ！
扔！
扔！
但琴葉自己也漸漸累積了不喝奶也沒關係的經驗……
沒有ㄋㄟㄋㄟ！
啊！那個很好玩！
最近只要一吃完午餐，琴葉就會自己跑去找爸爸呢！
負責下午帶孩子
爸~
爸~
這讓我深刻體會到悅子媽媽說的「只要重複就能讓孩子記住」。
我還打算下個星期開始幫她戒掉晚上的餵奶呢！

哇——
各位媽媽真是太棒了！光看你們的表情，我就知道你們的煩惱都獲得了改善！
很高興我的講座對你們有所幫助！
打擾了！
悦子媽媽，講座差不多要開始了！
啊！
抱歉，我們耽誤了你的時間！
別客氣！
如果又有新的煩惱或疑問，歡迎隨時再來參加我的講座！
喀啦
再見！
講座請加油！
喀啦
啪
吵鬧
吱吱——
喳喳——
吵鬧
對嬰幼兒的安眠問題感到煩惱的媽媽，謝謝你閱讀本書。
請問你是不是一直隱藏著內心的憂鬱，總是一個人單打獨鬥？

在讀完本書之後，我希望媽媽們不要再把一切的責任攬在自己身上。

應該盡量向孩子的爸爸、爺爺、奶奶，以及周圍的所有人尋求協助。

照顧孩子這種事情，本來就應該由媽媽的親友和街坊鄰居等生活周遭的所有人共同努力。

可惜在現在這個時代，要做到這點已有些困難。

正因為如此，在如今的時代要獲得他人幫助，得先鼓起勇氣踏出第一步才行。

孩子的夜啼，正是孩子努力以哭聲提醒媽媽「在用盡精力之前，趕快向他人求助」。

如果身邊沒有能夠依賴的親朋好友，建議參加支援中心、兒童館等各地兒童福利單位所舉辦的育兒教室。
支援中心
只要鼓起勇氣走出去，一定能遇到許多媽媽同伴，建立互助合作的情誼。
關於孩子的夜啼問題，雖然我提出了各式各樣的建議，但不必照單全收。
請依照自己和孩子的需求，靈活運用並加以變化。
如果心裡一直想著「一定要這麼做」才行，不斷勉強自己，
最後可能導致身心俱疲，再也支撐不下去。

我相信孩子一定也希望媽媽每天笑臉盈盈，不要總是擺著一副苦瓜臉。
我知道孩子的「夜啼」和「睡前哭鬧」的問題帶給媽媽相當大的困擾，你現在滿腦子一定只想著如何讓孩子乖乖睡覺。
但在夜啼問題解決了之後，孩子和你都還有很長的路要走。

我深切期盼本書除了能改善
孩子的夜啼問題之外，
還能進一步幫助媽媽學會更加
重視自己，以及抱持平常心好
好享受養育孩子的樂趣。

專欄 給上班族媽媽

★即使要上班，還是該重視孩子睡眠問題

大部分的上班族媽媽，都是一下班立刻趕到幼兒園接孩子，回到家之後馬上就得煮飯、吃飯和幫孩子洗澡。還要從中抽出時間看幼兒園的聯絡簿、洗碗、準備隔天出門的衣服，在睡覺前把髒衣服洗好等。

如果先生又不肯幫忙，真的是恨不得自己會分身術。上班很累，下班回到家卻更累。像這樣的上班族媽媽，如果又看到本書中建議的「讓孩子早點睡」，很可能會在心裡大喊：「別再增加我的負擔了！」

事實上在我所舉辦的嬰幼兒安眠講座上，確實曾有媽媽這麼問我：「我因為要上班的關係，孩子平日都是十點之後才上床睡覺，這樣是不是很糟糕？」

考量到上班族媽媽的難處，我實在很想回答：「這也是沒辦法的事，十點再睡也沒有關係啦！」我想那些媽媽一定也是希望從我口中聽到這樣的答案，但我的回

答每次都令她們大失所望。

因為我總是告訴她們：「就算白天讓孩子上幼兒園，晚上再晚也要讓孩子在九點以前上床睡覺。」這一點決不能退讓。

★兒童也會有睡眠障礙(sleep disorder)？

根據研究，睡眠時間太短的孩子，容易出現焦躁、暴力傾向和精神萎靡不振等問題。這代表一個孩子「難以管教」不見得是性格問題，而是每天的習慣所導致。

但問題可不是只有這樣而已。當年我因為女兒的夜啼問題受到激勵，決定針對嬰幼兒的睡眠問題好好研究和學習，因而進入了研究所就讀。我經常到日本兵庫縣的「兒童睡眠與發展醫療中心」商借研究用的睡眠檢測儀器。在那裡，我看見了許多因各種睡眠障礙而住院治療的兒童。

其中有一種睡眠障礙稱為「睡眠相位後移症候群」（Delayed sleep phase disorder），會讓生理時鐘向後延遲，導致生活日夜顛倒。

或許有人會覺得只不過是生理時鐘向後延遲，沒什麼大不了。然而這會造成病患早上爬不起來，進一步成為社會適應困難或學齡兒童拒絕上學的重要原因。

一旦罹患這種關於體內生理時鐘的疾病，必須花上三至五年的時間治療，期間可能得反覆住院數次。而且約有三十%～四十%的病患無法根治，一輩子都會留下身體容易疲倦的問題。

中心裡有一位幫了我很多忙的小兒科

醫師，他告訴我，許多兒童病患的父母在聽到這個病名及預期症狀之後，都會因為擔心孩子的未來而泣不成聲，**直呼「早知道就該從小重視孩子的睡眠問題」**。

孩子的睡眠習慣，會影響孩子一輩子的健康基礎。一疏忽就會後悔一輩子。

我提出這樣的警告，並不是要加重上班族媽媽的負擔。但我認為即便是上班族媽媽，也必須了解因生活忙碌而產生的「應該沒關係」或「這也沒辦法」等的草率念頭，很可能會造成嚴重的後果。

★早睡的三大重點

那麼要怎樣才能早點讓孩子上床睡覺呢？平日要讓孩子在晚上九點睡覺，從媽媽下班回到家算起，大概只有兩、三小時的時間可利用。

我以自己的女兒在一歲半時的生活作息當作例子。

- 六點十五分：累了一天，先和女兒一起看電視休息。
- 六點三十分：我開始做晚餐，女兒繼續看電視。
- 七點：一邊放洗澡水，一邊吃晚餐。
- 七點三十分：邊洗澡邊玩（我在這裡安排比較長的時間）。
- 八點十五分：刷牙，準備上床睡覺。
- 八點三十分：在調暗了燈光的臥室裡念故事書給女兒聽。
- 九點前睡覺。

重點①「決定時間」

事先決定好關鍵行動的開始時間。如果能再訂出中間行動的大致時間，更可以有效避免大幅延遲的情況。

建議把孩子喜歡做的事情當作關鍵行動。如此一來，就能用「趕快做完這個，我們才有多一點時間〇〇」這種理由，在歡樂的氣氛下催促孩子加快動作。

吃飯往往會花最多時間。孩子能專心吃飯的時間，大概只有二十分鐘，因此平日只做簡單的料理，且只準備一定吃得完的分量。時間一到，就要結束用餐。

等到時間和精神都充足的假日，才讓孩子挑戰不喜歡吃的食物。

重點②「調整光線環境」

常有人說「就算早早讓孩子上床，孩子也不睡」，但這些家庭往往有一些通病，例如孩子從回家後就一直待在明亮的房間裡，或是一直到睡覺前才關電視。

請盡量不要讓室內的燈光太過明亮，例如可以關掉客廳的電燈，只留餐廳的燈光，或是乾脆將屋裡的燈光換成橘色系的間接照明。

此外，看電視最消耗時間，一定要先決定好關電視的時間。

重點③「做家事講求效率」

平日做家事要以效率為最大考量，找

出最「偷懶」的做法！這部分可參考一些介紹家事技巧的書。**重點在於「巧思」和「同心協力」，例如事先決定「平日不做的家事」，或是讓先生分攤一部分。**

當然有些日子可能執行得不順利，或是因工作太過疲累而沒有辦法做到。但只要爸爸、媽媽都重視早睡早起，孩子的睡眠時間就會有顯著的不同。

★給即將回歸職場的媽媽

開始工作後，不曉得生活將會發生什麼變化？

即將回歸職場的媽媽，每天心中應該都抱持著這樣的不安吧！但不必過於悲觀，狀況不會像你所想的那麼糟。因為當你回歸職場之後，除了家人之外，還有幼兒園的老師們會照顧孩子。

當你遇到任何困擾的時候，還可以向值得信賴的幼兒園老師或園長尋求協助。只要這麼想，是不是就覺得輕鬆許多？習慣晚起的媽媽，可在正式回歸職場的大約兩星期前，開始練習「早起」（包含讓孩子起床）。

一邊工作，一邊照顧小孩，可說是蠟燭兩頭燒的狀態，所以一定要向先生尋求協助，事先模擬好能夠獲得充足睡眠的時間安排。

我在此衷心為上班族媽媽加油打氣！

結語

天底下沒有不「累」的媽媽

首先感謝你讀完本書。

我所主導的非營利組織「嬰幼兒睡眠研究所」，是以協助解決嬰幼兒夜啼問題為宗旨，時常舉辦嬰幼兒安眠講座，吸引許多爸爸、媽媽前來參加。

我看到許多爸爸、媽媽在講座結束後的問卷調查中寫下類似這樣的感想：「原來不是只有我有這樣的煩惱，讓我覺得安心不少。」

每次看到這樣的話，我都會回想起從前的自己。當年的我也曾經擔心過「是不是只有我照顧小孩這麼不順利」。

照顧孩子絕對不能單打獨鬥。

如果你到現在還是抱持著「只有我」的想法，請盡快尋找一些能夠放心傾訴育兒煩惱的對象，例如住家附近的育兒支援中心的工作人員、媽媽社團的成員、嬰兒按摩教室的老師、街坊鄰居的老奶奶……他們都是相當合適的對象。

挑一些能溫柔接納你的對象，練習傾訴「照顧孩子的疲累」。我相信當你這麼嘗試之後，一定能得到善意的回應。

在此同時，也應該以同樣溫柔的話語來讚美自己。

畢竟你已付出了那麼多的努力。

在二〇一一年出版的《幫助孩子也幫助媽媽的安眠寶典》一書中，我曾在結語裡寫道「我想建立一套嬰幼兒夜啼的門診制度」。

如今已過了七年，這個目標還沒有完全實現。

但在這段期間裡，我收到了來自廣大各界的支持和鼓勵。除了身為當事人的孩童父母親之外，亦不乏育兒支援機構的工作人員、小兒科醫師、護理師、公共衛生護理師、睡眠問題研究者和民間企業人士等各種專業人士。

更重要的一點，是我獲得了一群以「解決家庭睡眠問題」為共同理念的奮鬥夥伴。我想藉這個機會，向「嬰幼兒睡眠研究所」的夥伴們，以及平素為我們加油打氣的各界人士，在此致上最深的謝意。

此外，我也要感謝負責為本書繪製漫畫的高橋美起小姐。

她正是卡通人物「烤焦麵包」的原作者。

在我女兒三歲左右的時候，我先生買給她的第一本繪本（也是最後一本），正是高橋美起小姐所畫的《烤焦麵包——麵包也能萍水相逢》。對我們具有如此特殊意義的繪本作家，竟然願意幫忙繪製《〔漫畫版〕寶寶好睡，媽媽睡好》，令我們全家人都感到興奮不已。而且更令我感到吃驚的一點，高橋小姐也曾經參考《幫助孩子也幫助媽媽的安眠寶典》的內容，來哄睡她的孩子。

我衷心感謝高橋美起小姐願意在百忙之中接下這個工作。多虧了高橋小姐的人格特質，本書才能呈現出如此溫馨的風格，這可說是我最開心的事情。

我還要感謝神吉出版社的編輯谷內志保小姐。她不僅將高橋美起小姐介紹給我認識，而且一直耐著性子等待原稿完成，真的非常謝謝她。

正如前作，我衷心希望本書也能在眾多爸媽的育兒過程中提供微薄的幫助。

清水悅子

二〇一八年十一月某日

【作者】

清水悅子

- 日本大阪府出身。夜啼問題專業教保員、非營利組織「嬰幼兒睡眠研究所」代表理事、茨城基督教大學文學部兒童教育學科助教。
- 於東京都立保健科學大學畢業後，在東京的醫院擔任物理治療師，懷孕後辭去工作。曾因長女的嚴重夜啼問題而身心俱疲，為了拯救家庭開始學習關於嬰幼兒夜啼問題的知識。由於曾擔任醫療從業人員，以其專業觀點而懷疑嬰幼兒夜啼是一種睡眠障礙，開始嘗試以改變生活作息為主要方式的夜啼改善法，短短五天之內，女兒的夜啼問題就得到改善。震驚之餘，決意將這樣的經驗分享給所有因孩子夜啼問題而煩惱的父母親，並為此取得教保員資格。
- 2013年3月於日本御茶水女子大學研究所人間文化創成科學研究科畢業，同年4月進入東京大學研究所教育學研究科攻讀博士課程，繼續進行深入研究。
- 原本在網路上發表的「幫助孩子也幫助媽媽的安眠寶典」系列文章，於2011年出版為實體書籍。2013年又出版開本尺寸更大、更易讀的《〔漫畫版〕寶寶睡好，媽媽好睡》。兩書合計銷量超過二十萬冊，成為暢銷兼長銷之作。亦曾參加NHK「救命啊！高人」等電視節目的演出。
- 清水悅子的部落格http://www.e-shimizu.jp/

【漫畫】

高橋美起

- 日本千葉縣出身。插畫家兼角色設計師。
- 於日本多摩美術大學畢業後，進入San-X企業工作。曾負責「烤焦麵包」、「甘栗小子」的角色原案和繪本製作等創作。自2002年起成為自由作家。自己也在煩惱長男的夜啼問題時閱讀過《幫助孩子也幫助媽媽的安眠寶典》，本書的漫畫內容也包含了其自身的經驗。
- 著作有「烤焦麵包旅行日記」系列等。

【翻譯】

李彥樺

1978年出生。日本關西大學文學博士。現任臺灣東吳大學日文系兼任助理教授。從事翻譯工作多年，譯作涵蓋科學、文學、財經、實用叢書、漫畫等各領域。翻譯作品有「中小學生必讀科學常備用書」系列（全4冊）、「歷史漫畫三國志」系列（全6冊）、《骨之旅：從海洋到陸地，看見人類與萬物的演化關係》、《這個時候怎麼辦？小學生應該懂的生活常識》等（以上皆由小熊出版）。

國家圖書館出版品預行編目 (CIP) 資料

寶寶睡好，媽媽好睡：日本兒童睡眠專家寫給家有 0～5 歲嬰幼兒家長的睡眠寶典 / 清水悅子作；高橋美起漫畫；李彥樺翻譯. -- 初版. -- 新北市：小熊出版：遠足文化發行，2020.05
168 面；21x15 公分. -- (親子課)

ISBN 978-986-5503-32-1 (平裝)
1. 育兒 2. 睡眠

428.4　　109002269

親子課
寶寶睡好，媽媽好睡：日本兒童睡眠專家寫給家有0～5歲嬰幼兒家長的睡眠寶典
作者／清水悅子　漫畫／高橋美起　翻譯／李彥樺　審訂／駱明潔（國立陽明大學生理學研究所博士）

總編輯：鄭如瑤｜主編：詹嬿馨｜美術編輯：翁秋燕｜行銷主任：塗幸儀
社長：郭重興｜發行人兼出版總監：曾大福｜業務平臺總經理：李雪麗｜業務平臺副總經理：李復民
海外業務協理：張鑫峰｜特販業務協理：陳綺瑩｜實體業務經理：林詩富｜印務經理：黃禮賢｜印務主任：李孟儒
出版與發行：小熊出版・遠足文化事業股份有限公司
地址：231 新北市新店區民權路 108-2 號 9 樓｜電話：02-22181417 ｜傳真：02-86671851
劃撥帳號：19504465 ｜戶名：遠足文化事業股份有限公司｜客服專線：0800-221029 ｜客服信箱：service@bookrep.com.tw
Facebook：小熊出版｜ E-mail：littlebear@bookrep.com.tw
讀書共和國出版集團網路書店：http://www.bookrep.com.tw
團購請洽業務部：02-22181417 分機 1132、1520
法律顧問：華洋法律事務所／蘇文生律師｜印製：凱林彩印股份有限公司
初版一刷：2020 年 5 月｜定價：350 元｜ ISBN：978-986-5503-32-1

小熊出版讀者回函　小熊出版官方網頁